高等院校"十二五"规划教材·数字媒体技术
示范性软件学院系列教材

Visual Basic 6.0
程序设计基础

丛书主编　肖刚强
本书主编　郭发军
副 主 编　王立娟　何丹丹
主　　审　赵　波

辽宁科学技术出版社
沈阳

图书在版编目（CIP）数据

Visual Basic 6.0程序设计基础/郭发军主编. —沈阳：辽宁科学技术出版社，2012.2

高等院校"十二五"规划教材·数字媒体技术/肖刚强主编

ISBN 978-7-5381-7234-8

Ⅰ.①V⋯　Ⅱ.①郭⋯　Ⅲ.①BASIC语言-程序设计-高等学校-教材　Ⅳ.①TP312

中国版本图书馆CIP数据核字（2011）第239470号

出版发行：辽宁科学技术出版社
　　　　　（地址：沈阳市和平区十一纬路29号　邮编：110003）
印 刷 者：沈阳新华印刷厂
经 销 者：各地新华书店
幅面尺寸：185mm×260mm
印　　张：15.25
字　　数：360千字
印　　数：1~3000
出版时间：2012年2月第1版
印刷时间：2012年2月第1次印刷
责任编辑：于天文
封面设计：何立红
版式设计：于 浪
责任校对：徐 跃

书　　号：ISBN 978-7-5381-7234-8
定　　价：32.00元

投稿热线：024-23284740
邮购热线：024-23284502
E-mail:lnkjc@126.com
http://www.lnkj.com.cn
本书网址：www.lnkj.cn/uri.sh/7234

序　言

　　当前，我国高等教育正面临着重大的改革。教育部提出的"以就业为导向"的指导思想，为我们研究人才培养的新模式提供了明确的目标和方向，强调以信息技术为手段，深化教学改革和人才培养模式改革，根据社会的实际需求，培养具有鲜明特色的人才，是我们面临的重大问题。我们认真领会和落实教育部指导思想后，提出了新的办学理念和培养目标。新的变化必然带来办学宗旨、教学内容、课程体系、教学方法等一系列的改革。为此，我们组织学校有多年教学经验的专业教师，多次进行探讨和论证，编写出这套"数字媒体技术"专业的系列教材。

　　本套教材贯彻了"理念创新，方法创新，特色创新，内容创新"四大原则，在教材的编写上进行了大胆的改革。教材主要针对软件学院数字媒体技术等相关专业的学生，包括了多媒体技术领域的多个专业方向，如图像处理、二维动画、多媒体技术、面向对象计算机语言等。教材层次分明，实践性强，采用案例教学，重点突出能力培养，使学生从中获得更接近社会需求的技能。

　　本套教材在原有学校使用教材的基础上，参考国内相关院校应用多年的教材内容，结合当前学校教学的实际情况，有取舍地改编和扩充了原教材的内容，使教材更符合当前学生的特点，具有更好的实用性和扩展性。

　　本套教材可作为高等院校数字媒体技术、计算机专业和软件工程等专业学生的教材使用，也是广大技术人员自学不可缺少的参考书之一。

　　我们恳切地希望，大家在使用教材的过程中，及时给我们提出批评和改进意见，以利于今后我们的修改工作。相信经过大家的共同努力，这套教材一定能成为特色鲜明、学生喜爱的优秀教材。

肖刚强

前　言

随着社会进入信息时代，对程序设计人员的需求不断增加，越来越多的学校开设了Visual Basic课程，全国计算机等级考试也增加了对Visual Basic程序设计语言的考核。同时，随着计算机技术的发展，大量面向对象的程序设计语言已成为用户首选语言。Visual Basic 6.0是微软公司推出的一种面向对象的程序设计语言。它集程序的界面设计、代码编辑、编译、连接和调试等功能于一体，为编程人员提供了一个方便、完整的开发界面，具有功能强大、简单易学和界面友好等特点，是培养学生程序设计逻辑能力的首选课程。

本书在体系上采用了大量实例教学，通过对可视化编程和面向对象编程的概念和方法的全面细致的介绍，通过对实例由浅入深、循序渐进的讲解，力求使读者快速而扎实地打下程序设计的基础和掌握程序设计的技能。

同时，充分考虑到应用性本科学生的培养目标和教学特点，在注重基本概念的同时，重点介绍实用性较强的内容，结合作者所在学校学生的实际情况和教学经验，有取舍地改编和扩充了原教材的内容，使本书更适合于作者所在学校本科学生的特点，具有更好的实用性和扩展性。

本书共分9章，全面、系统、深入地讲解了Visual Basic语言的基本特点、集成开发环境、编码规则、程序设计流程、数组概念及应用、过程和函数概念及应用、常用的内部控件、程序界面元素以及数据库编程基础。同时，每一章节都附有大量的应用实例及习题。

本书在编写过程中力求符号统一，图表准确，语言通俗，结构清晰。

本书既可以作为高等院校计算机专业、软件工程和数字媒体技术等专业学生的教材，也是广大工程技术人员自学不可缺少的参考书之一。

如需本书课件和习题答案，请来信索取，地址：mozi4888@126.com

郭发军

目 录

第1章　Visual Basic 6.0概述

本章介绍Visual Basic 6.0的发展、特点、集成开发环境以及安装和运行环境等。

本章要点

- Visual Basic的发展。
- Visual Basic 6.0的主要特点。
- Visual Basic 6.0的集成开发环境。
- Visual Basic 6.0安装与运行。
- Visual Basic 6.0的帮助系统。

1.1　Visual Basic 6.0概述

　　Visual Basic 6.0是Microsoft公司推出的基于Windows环境的计算机程序设计语言。它继承了Basic语言简单易学的特点，同时增加了许多新的功能。Visual Basic采用了面向对象、事件驱动的机制，提供了一种所见即所得的可视化程序设计方法。

　　Visual意为"可视化的"，指的是开发图形用户界面（GUI）的方法。在图形用户界面下，不需要编写大量代码去描述界面元素的外观和位置，而只要把预先建立的对象加到屏幕上的适当位置，再进行简单的设置即可。"Basic"指的是BASIC语言，是一种应用十分广泛的计算机语言。Visual Basic在原有的BASIC语言的基础上进一步发展，包括了数百条语句、函数及关键词，其中很多内容和Windows GUI有直接关系。专业人员可以用"Visual Basic"实现任何其他Windows编程语言的功能，初学者只要掌握几个关键词就可以建立简单的应用程序。

1.1.1　Visual Basic 的发展

　　1991年，微软公司推出了Visual Basic 1.0版。这在当时引起了很大的轰动。这个连接编程语言和用户界面的进步被称为Tripod（有些时候叫做Ruby），最初的设计是由阿兰·库珀（Alan Cooper）完成的。许多专家把VB的出现当做是软件开发史上的一个具有划时代意义的事件。其实，以我们现在的目光来看，VB1.0的功能存在一些缺陷。但在当时，它是第一个"可视"的编程软件。这使得程序员欣喜至极，都尝试在VB的平台上进行软件创作。微软也不失时机地在4年内接连推出VB2.0、VB3.0、VB4.0三个版本。并且从VB3.0开始，微软将ACCESS的数据库驱动集成到了VB中，这使得VB的数据库编程能力大大提高。从VB4.0开始，VB也引入了面向对象的程序设计思想。VB功能强大，学习简单。而且，VB还引入了"控件"的概念，使得大量已经编好的VB程序可以被我们直接拿来使用。

　　通过几年的发展，它已成为一种专业化的开发语言和环境。用户可用Visual Basic快速创建Windows程序，现在还可以编写企业水平的客户端/服务器程序及强大的数据库应用程序。

1.1.2　Visual Basic 6.0的主要特点

使用Visual Basic语言进行编程时会发现，在Visual Basic中无需编程即可完成许多操作。因为在Visual Basic中引入了控件的概念，在Windows中控件的身影无处不在，如按钮、文本框等，Visual Basic把这些控件模式化，并且每个控件都有若干属性用来控制其外观和工作方法，并且能够响应用户操作（事件）。在Visual Basic环境中可以像在画板上一样，随意点几下鼠标即可生成一个按钮，使用以前的编程语言实现这些功能是要经过相当复杂的工作的。下面介绍Visual Basic语言的特点。

（1）可视化编程。

Visual Basic为用户提供了大量的界面元素（在Visual Basic中称为控件），如窗体、菜单、命令按钮等，用户只需要利用鼠标或键盘把这些控件拖动到适当的位置，再设置它们的外观属性等，即可设计出所需的应用程序界面。Visual Basic还提供了易学易用的集成开发环境，该环境集程序的设计、运行和调试为一体，在本章后面的小节中将对集成开发环境进行详细的介绍。

（2）事件驱动机制。

Windows操作系统出现以来，图形化的用户界面和多任务多进程的应用程序要求程序设计不能是单一性的，在使用Visual Basic设计应用程序时，必须首先确定应用程序如何同用户进行交互。例如，发生鼠标单击、键盘输入等事件时，用户必须编写代码控制这些事件的响应方法。这就是所谓的事件驱动编程。

（3）面向对象的程序设计语言。

Visual Basic 6.0是支持面向对象的程序设计语言。它不同于其他面向对象的程序设计语言，且不需要编写描述每个对象的功能特征的代码，因为这些代码都已经被封装到各个控件中了，用户只需调用即可，每个控件都有其对应的三大要素：属性、事件和方法。

- 属性：是用来描述对象的一些特征的，包括名字、对象大小、颜色等信息。
- 事件：是对象所能识别的动作。事件由事件名标识，是系统规定好的。不同的对象对应的事件各不相同，通常一个对象对应多个事件，例如：命令按钮对应的事件有Click（鼠标单击）和DblClick（鼠标双击）等。
- 方法：是用来描述对象所具有的功能，决定了对象的行为特征。方法是封装在对象里面特定的过程，这些过程的代码对用户而言是不可见的，用户只能通过方法名称来调用相应的方法。

（4）支持多种数据库访问机制。

Visual Basic 6.0具有强大的数据库管理功能。利用其提供的ADO访问机制和ODBC数据库连接机制可以访问多种数据库，如Access、SQL Server、Oracle、MySQL等。数据库连接方面的知识将在后面的章节中进行介绍。

（5）交互式的开发环境。

Visual Basic集成开发环境是一个交互式的开发环境。传统的应用程序开发过程可以分为3个明显的步骤：编码、编译和测试代码。但是Visual Basic与传统的语言不同，它使用交互式方法开发应用程序，使3个步骤之间不再有明显的界限。在大多数语言里，如果编写代码时发生了错误，则在开始编译应用程序时该错误就会被编译器捕获。此时必须查找并改正该错误，然后再次进行编译。对每一个发现的错误都要重复这样的过程。而Visual Basic在编程者输入代码时便进行解释，即时捕获并突出显示语法或拼写错误。

（6）支持动态数据交换、动态链接库和对象的链接与嵌入。

动态数据交换（DDE）是Microsoft Windows除了剪切板和动态链接函数库以外，在Windows内部交换数据的第3种方式。利用这项技术可以使Visual Basic开发的应用程序与其他Windows应用程序之间建立数据通信。

动态链接库（DLL）中存放了所有Windows应用程序可以共享的代码和资源，这些代码或函数可以用多种语言编写。Visual Basic利用这项技术可以调用任何语言产生的DLL，也可以调用Windows应用程序接口（API）函数，以实现SDK所能实现的功能。

对象的链接与嵌入是Visual Basic访问所有对象的一种方法。利用OLE技术，Visual Basic将其他应用软件作为一个对象嵌入应用程序中进行各种操作，也可以将各种基于Windows的应用程序嵌入Visual Basic应用程序中，实现声音、图像、动画等多媒体的功能。

（7）完备的联机帮助功能。

与Windows环境下的其他软件一样，在Visual Basic中，利用帮助菜单和F1功能键，用户可以随时方便地得到所需的帮助信息。Visual Basic帮助窗口中显示了有关的示例代码，通过复制、粘贴操作可以获得大量的示例代码，为用户的学习和使用提供了极大的方便。

另外，Visual Basic 6.0与以前的版本不同，它是Visual Studio家族的一个组件，保留了Visual Basic 5.0的优点，如在开发环境上的改进、增加了工作组，在代码编辑器中提供了控件属性/方法的自动提示，能编译生成本机代码，大大提高了程序的执行速度等。同时，Visual Basic 6.0在数据库技术、internet技术及智能化向导方面都有了许多新的特性。可以通过阅读Visual Basic 6.0的帮助系统来了解更多新的特性。

1.2　Visual Basic 6.0的集成开发环境

Visual Basic 6.0启动进入工程设计状态后，其集成开发环境（IDE）如图1-1所示，下面把这个集成开发环境窗口分解开来，逐一介绍。

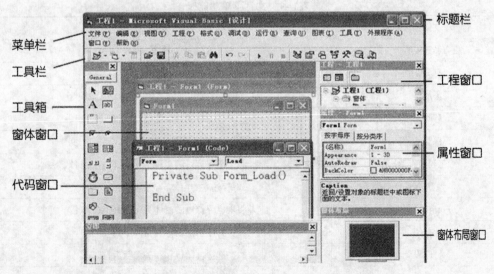

图1-1　Visual Basic 6.0的集成开发环境

1.2.1 主窗口

Visual Basic 的集成开发环境（IDE）由多个部分组成，包含主窗口和其他子窗口。启动 Visual Basic 后，主窗口位于集成环境的顶部，由标题栏、菜单栏和工具栏组成。

1）标题栏

标题栏位于主窗口的最上面，用来显示当前编辑的工程名称、系统当前工作状态以及主窗口的最小化、最大化和关闭按钮，如图1-2所示。

图1-2 Visual Basic 标题栏

随着系统工作状态不同，方括号中的信息将随之改变。Visual Basic 集成开发环境有3种工作状态：

【设计】表示当前工作状态处于"设计阶段"。此时，可以完成应用程序界面的设计、代码的编写。

【运行】表示当前工作状态处在"运行阶段"。此时，用户只能检查程序结果及错误，不能修改错误。

【Break】表示当前工作状态为"中断调试阶段"。此时，用户可以修改错误，继续运行程序。

2）菜单栏

标题栏的下面是菜单栏，是Visual Basic 集成环境的主菜单，提供了开发、调试和保存应用程序所需要的全部功能和工具，共有13个菜单项。

（1）文件菜单用于对文件进行操作，如"打开工程"、"新建工程"、"打印"及"生成工程1.exe"等。文件菜单的主要功能见表1-1。

表1-1 文件菜单功能表

文件菜单	功能
新建工程	建立新工程，缺省名为"工程1"
打开工程	打开已有工程
添加工程	添加新工程，缺省名依次为"工程2"等
移除工程	移去或删除已有工程
保存工程	保存工程，扩展名为.vbp
工程另存为	将现已保存过的工程另存为其他工程名
保存Form1	保存建立的窗体，扩展名为.frm和.frx
Form1另存为	将现已保存过的窗体另存为其他窗体名
打印	打印当前窗体和窗体中的代码
打印设置	选择打印机和相关参数后打印
生成工程1.exe	工程生成对应的exe文件

（2）视图菜单用于显示各种窗口及工具栏，如表1–2所示。

表1–2　视图菜单功能表

视图菜单	功能
代码窗口	打开在工程资源管理器窗口中所选的代码窗口
对象窗口	打开在工程资源管理器窗口中所选的对象窗口
对象浏览器	打开对象浏览器，用于查看工程中有效的对象
立即、本地、监视和调用堆栈	打开或隐藏调试用的窗口
属性页	打开用户控件的属性页
工具箱、数据视图窗口和调色板	打开工具箱、数据视图窗口和调色板
工具栏	打开工具栏，包括编辑、标准、窗体编辑器和调试工具栏

（3）工程菜单。在Visual Basic中，使用工程来管理构成应用程序的所有文件，所以，应用程序也称为工程。工程菜单在设计时对工程进行管理操作，如添加窗体、添加部件等。工程菜单的主要功能如表1–3所示。

表1–3　工程菜单功能表

工程菜单	功能
添加**	向工程中添加各种对象，包括窗体、模块、控件和属性页等
移除Forml(窗体名)	从工程中移除窗体Forml，假设当前的窗体名为Forml
引用	引用其他应用程序的对象，通过设置应用程序对象库来实现
部件	用于添加控件、设计器和可插入对象
工程1属性	设置工程的类型、名称、启动对象等。工程1为当前工程名

（4）格式菜单用于对所选定的对象调整其格式，主要功能列于表1–4中。

表1–4　格式菜单功能表

格式菜单	功能
对齐	所有选中的对象对齐
统一尺寸	所有选中的对象按宽度或高度统一尺寸
按网格调整大小	将对象按网格调整大小
水平间距和垂直间距	对所有选中的对象间距统一调整
窗体居中对齐	对象在窗体中居中对齐
顺序	控件对象重叠显示
锁定控件	使所选中的控件锁定，不能调整位置

（5）调试菜单用于选择不同的调试程序的方法，如表1-5所示。

表1-5　调试菜单功能表

调试菜单	功能
逐语句	一句一句运行
逐过程	一个一个过程运行
跳出	从调试过程中跳出直接运行到最后
运行到光标处	运行到光标所在行的语句
添加监视、编辑监视、快速监视	在监视窗口中对运行过程中的表达式进行监视
切除断点	用于设置断点和清除断点
清除所有断点	清除所有已设置的断点

（6）工具菜单提供了一些工具。例如，定义过程工具、设计菜单工具等，如表1-6所示。

表1-6　工具菜单功能表

工具菜单	功能
添加过程	添加用户定义的过程
过程属性	设置过程的属性
菜单编辑器	打开菜单编辑器建立菜单
选项	设置系统选项
发布	使用可视化部件管理器的发布向导发布可重用的部件
SourceSafe	使用SourceSafe对文件进行管理

（7）外接程序菜单用于加载或卸载外接应用程序。加载后的外接程序显示在该菜单中。外接程序菜单项及功能如表1-7所示。

表1-7　外接程序菜单功能表

外接程序菜单	功能
可视化数据管理器	打开可视化数据管理器VisData窗口，进行数据库操作
外接程序管理器	加载或卸载外接程序

（8）帮助菜单。学会使用帮助是学习和掌握Visual Basic的捷径。如果操作系统中安装了Microsoft公司的联机帮助文档MSDN Library (MicroSoft Developer Netword Library，微软开发人员联机资料库)，即可使用它为Microsoft Visual Studio 6.0系列开发产品（包括Visual Basic 、Visual C++、Visual FoxPro等）提供的相当完善的帮助信息，包括技术

文章、文档、示例代码以及Microsoft开发人员知识库等。通常，可借助于两种方法使用MSDN提供的Visual Basic 联机帮助，即包括"帮助"菜单和F1键。帮助菜单如图1-3所示，它可以通过内容、索引和搜索的方法寻求帮助。

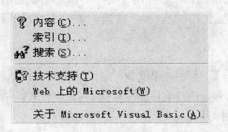

图1-3　帮助菜单

另外，在代码窗体、属性窗口、工具箱和窗体中，把光标定位到需要帮助的对象，然后按F1键即可快速获取当前对象的帮助信息，称为上下文相关帮助信息。

（9）其他菜单。菜单栏中还有编辑、运行和窗口菜单，这些菜单中的功能与其他Windows程序中相应的菜单基本相同，在此不再详细介绍。

另外，除了菜单条中的菜单，如果鼠标指针放在不同的窗口中单击鼠标右键，还可以得到有效的专用快捷菜单，这些菜单也称为上下文菜单或弹出式菜单。

菜单的命令分为两种类型，一类是命令字后面没有任何信息的，可以直接执行的命令，如"退出"命令；另一类是在命令字后面带有省略号的命令，执行该命令时将会打开一个对话框，利用对话框完成各种有关的操作，如"打开工程"等。

菜单的操作方法有三种：第一种方法是利用鼠标，单击执行；第二种方法是使用"热键"也称"访问键"，即按F10或Alt键激活菜单栏，然后按菜单字后面带下划线的字母键，执行相应的命令；第三种方法是通过命令快捷键，即使用快捷键时，不需要打开任何菜单，直接按两个或三个组合键即可执行命令，如按Ctrl+O，执行"打开工程"命令。Visual Basic中的大部分快捷键显示在菜单命令字最右边。

3）工具栏

工具栏提供了常用命令的快速访问按钮。单击工具栏上的按钮，则执行该按钮所代表的命令操作。Visual Basic 提供了4种工具栏：编辑、标准、窗体编辑器和调试。用户还可以根据需要定义自己的工具栏。默认情况下，集成环境中只显示"标准"工具栏。其他工具栏可以通过"视图"菜单中的工具栏命令打开或关闭，还可以右击工具栏，在弹出的快捷菜单中选择某个工具栏。图1-4显示了"标准"工具栏上的按钮与菜单命令的对应关系。

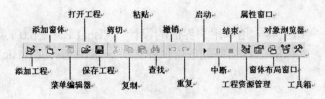

图1-4　"标准"工具栏

Visual Basic 的工具栏有固定和浮动两种形式。固定形式的工具栏位于菜单栏的下面，即主窗口的底部。向下拖动固定式工具栏则变为浮动式工具栏，或双击固定式工具栏左端的两条浅色竖线。

另外，在标准工具栏的右侧还有两个栏，分别用来显示窗体的当前位置和大小，左边一栏显示的是窗体左上角的坐标，右边一栏显示的是窗体的长×宽，默认单位为Twips(缇)。

说明：

Twips(缇)是一种与屏幕无关的计量单位，1英寸=1440 Twips，大约是1/567厘米。即无论在什么屏幕上，如果画一条1440缇的直线，打印出来都是1英寸。这种计量单位可以确保在不同的屏幕上都能保持正确的相对位置或比例关系。

1.2.2　窗体设计窗口

窗体设计窗口用于设计应用程序界面的窗口，如图1-5所示。在该窗口中，可以添加控件、图形和图像来创建所需的各种应用程序的外观。应用程序的每个窗体都拥有自己的窗体设计窗口。

窗体的上方是标题栏，系统初始化后默认的窗体称为"Form1"，其中带网格点的窗体称为窗体设计器。一个应用程序可以有一个窗体，也可以有多个窗体，每一个窗体都有自己的窗体设计窗口。

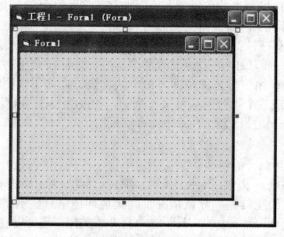

图1-5　窗体设计窗口

1.2.3　工具箱

工具箱提供了一组工具，用于用户界面的设计。Visual Basic 6.0工具箱中的控件及其名称如图1-6所示。默认的工具箱并列放置两排控件，容纳Visual Basic 6.0的20个标准控件。

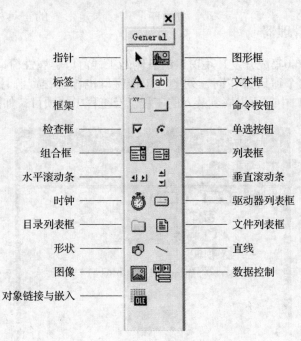

图1-6　工具箱

指针 — 标签 — 框架 — 检查框 — 组合框 — 水平滚动条 — 时钟 — 目录列表框 — 形状 — 图像 — 对象链接与嵌入

图形框 — 文本框 — 命令按钮 — 单选按钮 — 列表框 — 垂直滚动条 — 驱动器列表框 — 文件列表框 — 直线 — 数据控制

　　用户可以将不在工具箱中的其他ActiveX控件放到工具箱中。通过"工程"菜单中的"部件"命令或从"工具箱"快捷菜单中选定"部件"选项卡，就会显示系统安装的所有ActiveX控件清单。要将某控件加入到当前选项卡中，单击要选定控件前面的方框，然后单击"确定"按钮即可，如图1-7所示。每当增加其他的ActiveX控件时，新增加的工具按钮就会延伸到屏幕下方。

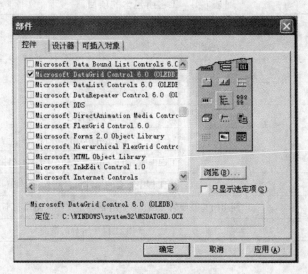

图1-7　"部件"对话框

1.2.4 工程资源管理器

在Visual Basic 6.0集成开发环境窗口的右侧是工程窗口、属性窗口和窗体布局窗口。在默认状态下，这3个窗口排在同一列上。工程窗口也称工程资源管理器窗口（Project Explorer）。在该窗口中，可以看到装入的工程以及工程中的项目，如图1-8所示。

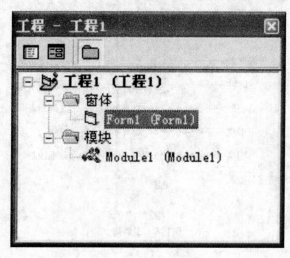

图1-8 工程资源窗口

工程窗口是一个活动的窗口，可以用鼠标单击其标题栏，然后按住鼠标左键，任意移动。单击工程窗口标题栏上的关闭按钮，关闭该窗口。需要查看时，可单击"视图"菜单，选择"工程窗口"命令。工程窗口中列出了已经装入的工程以及工程中的项目。工程中的项目可分为如表1-8所示的9类。

表1-8 工程所包含的项目

项目名称	说明
工程	工程及其包含的项目
窗体	所有与此工程有关的.frm文件
标准模块	工程中所有的.bas模块
类模块	工程中所有的.cls
用户控件	工程中所有的用户控件
用户文档	工程中所有的ActiveX文档，即.doc文件
属性页	工程中所有的属性页，即.pag文件
相关文档	列出所有需要的文档（在此存放的是文档的路径而不是文档本身）
资源	列出工程中所有的资源

1.2.5 属性窗口

Visual Basic 6.0中，窗体及窗体上的每个控件都用不同的属性描述。每个对象的属性可以通过属性窗口中的属性项改变或设置，也可以在程序代码中进行设置。在初始化时，每个控件都有一组默认的值，称作默认值。属性窗口如图1–9所示。

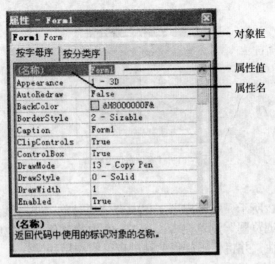

图1–9 属性窗口

对象框显示当前的对象名，并附上所属的控件类。对象框右边有一个下拉按钮，单击该按钮，Visual Basic 6.0在其下拉列表中列出本窗体上所有控件的名称及所属的类。

属性列表框是属性窗口的主体。属性列表框上有两个选项卡，一个是按字母顺序排列的属性，另一个是按逻辑（如与外观、字体或位置有关）分类的层次结构视图。由于属性较多，可以用滚动条进行翻页查看。用户可根据习惯选用"按字母序"选项卡或"按分类序"选项卡，属性设置结果是相同的。属性列表框中左列显示所选对象的全部属性，右列是可编辑和查看的设置值。

1.2.6 代码编辑器窗口

在窗体设计窗口双击鼠标，就能进入代码窗口，如图1–10所示为Visual Basic 6.0集成开发环境中的代码窗口，此时可以看到一行行的VB程序代码显示在其中，用户可以修改、写入程序代码，让程序实现一定的功能，这也是整个程序设计的关键。当然，要编写出功能强大的程序代码，必须对VB语言的语法十分了解。

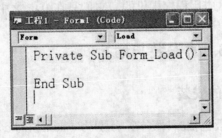

图1–10 代码编辑器窗口

1.2.7 其他窗口

1）窗体布局窗口

窗体布局窗口（Form Layout Window）如图1–11所示，允许使用表示屏幕的小图像来布置应用程序中各窗体的位置。

图1-11 "窗体布局"窗口

2）对象浏览器

对象浏览器如图1-12所示，它列出了工程中有效的对象，并提供在编码中漫游的快速方法。可以使用"对象浏览器"浏览在 Visual Basic 中的对象和其他应用程序，查看对那些对象有效的方法和属性，并将代码过程粘贴进自己的应用程序。

图1-12 对象浏览器

3）立即、本地和监视窗口

这些附加窗口是为调试应用程序提供的，它们只在 IDE 之中运行应用程序时才有效。

1.3 Visual Basic 6.0的安装与运行

1.3.1 Visual Basic 6.0的安装

Visual Basic 6.0中文版包括3种版本，分别为Visual Basic学习版(Learning)、Visual Basic专业版(Professional)和Visual Basic企业版(Enterprise)，这些版本都是在相同的基础上建立起来的。

学习版不要求用户具有编程经验，这个版本是为学生、业余爱好者和其他任何想更多地了解基于Windows的应用程序是如何开发的用户而设计的，利用它可以轻松地开发Windows的应用程序。该版本包括Visual Basic内部控件、网格控件、表格控件和数据库控件。

　　专业版主要是为需要创建客户/服务器应用程序或能访问Internet应用程序的个体专业人员或公司开发人员设计的。它包括了一整套完备的开发工具，该版本包括学习版的全部功能以及ActiveX控件，还包括Internet控件和Crystal Report Writer。

　　企业版是为要创建分布式、高性能的客户/服务器应用程序或Internet及Intranet上的应用程序的开发组设计的。该版本包括专业版的全部功能，连同自动化管理器、部件管理器、数据库管理工具及Microsoft Visual SourceSafe面向工程版的控制系统等。

　　我们以Visual Basic 6.0中文企业版的安装为例，简述其安装步骤。

　　（1）启动安装程序。

　　当把光盘插入CD-ROM驱动器后，系统自动启动安装程序，或以浏览方式打开光盘，运行其中的setup安装程序，打开如图1-13所示的对话框。

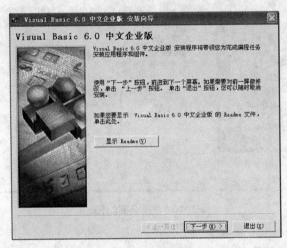

图1-13　自动安装

　　（2）选择安装方式。

　　在安装过程中，安装程序运行到如图1-14所示的对话框时，根据使用需要选择一种安装方式。

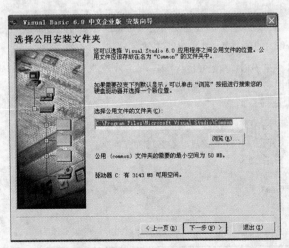

图1-14　定制选择

（3）选择安装目录。

在安装程序运行到如图1-15所示的对话框时，安装程序初始化时设置的安装目标是C:\Program Files\Microsoft Visual Basic或C:\Program Files\Microsoft Visual Studio（VB6.0为Visual Studio企业版的一个组件）文件夹。用户可以单击"浏览"按钮，选择一个文件夹或新建一个VB6.0的文件夹，改变其安装路径，方便管理。对于普通用户，我们一般推荐使用默认的安装目录。

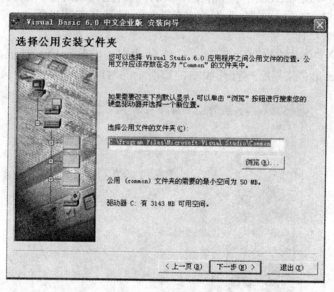

图1-15　选择安装文件夹

（4）选择安装类型。

在图1-16中选择"安装Visual Basic 6.0中文企业版"单选按钮后，进入Visual Basic 6.0安装类型选择对话框。用户选择典型安装方式，则安装程序把Visual Basic 6.0中所有的开发工具全部安装；选择自定义安装方式，则安装程序提示用户选择可以安装的开发工具菜单（可以选择一项，也可以选择多项）。若在对话框中选择"服务器应用程序"单选按钮，则进入服务器安装对话框。

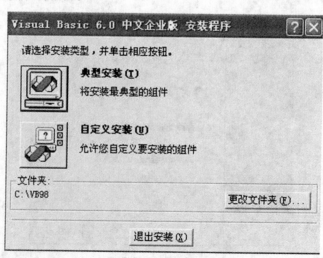

图1-16　安装类型选择

（5）服务器组件的选择。

安装程序将提示一组可安装的应用程序，供用户选择，如图1-17所示，用户可根据向导中的提示，选择列表中的服务器组件。

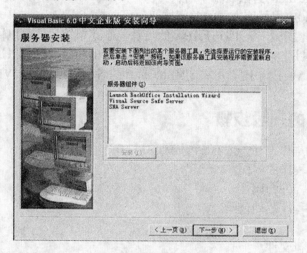

图1-17　选择服务器组件

（6）安装完成后重新启动。

在安装时，Visual Basic 6.0的一些动态链接库和系统文件会自动复制到Windows的System文件夹下。Visual Basic 6.0安装程序在安装完毕时，要求重新启动计算机，以更新系统的配置。

Visual Basic 6.0安装完成后，在"程序"中会出现Visual Basic 6.0启动子菜单。

1.3.2　Visual Basic 6.0的运行

启动Visual Basic 6.0有多种方法，常用的是单击Windows任务栏中的"开始"按钮，在"程序"中找到"Microsoft Visual Basic 6.0 中文版"子菜单，选择"Microsoft Visual Basic 6.0"菜单项，启动VB6.0进入如图1-18所示的"新建工程"对话框。

图1-18　"新建工程"对话框

在"新建工程"对话框中选择"标准 EXE"选项，创建一个标准的可执行文件，然后单击"打开"按钮，将进入Visual Basic 6.0的工程设计窗口。

退出Visual Basic 6.0的方法有如下4种：

（1）单击VB6.0应用程序右边的关闭按钮，可以快速退出。

（2）双击标题栏左边平行四边形图案的特殊控制菜单符号，可以快速退出。

（3）选择"文件"菜单，选择下拉菜单中的"退出"命令，可以退出VB6.0。

（4）连续按【Alt+F4】键，可关闭VB6.0打开的各种窗口，退出VB6.0。

1.4　程序设计的一般步骤

Visual Basic 6.0程序设计一般有5个步骤。

（1）创建应用程序的界面。

（2）设置各个控件的属性。

（3）编写事件程序驱动代码。

（4）调试运行。

（5）生成可执行文件。

下面，通过一个简单的例子来具体说明Visual Basic 6.0程序设计的一般步骤。

本例题的窗口上有"显示"和"隐藏"两个按钮，一个文本框。当单击"显示"按钮时，文本框中出现一段文字；当单击"隐藏"按钮时，文本框中的文字消失。

1.4.1　创建应用程序的界面

应用程序界面是人机交互的接口，通过应用程序的用户界面，用户可以输入数据，计算机可以显示相应的内容。创建应用程序界面是Visual Basic程序设计的第一步，它通过菜单或者工具箱上的按钮创建窗体。窗体是应用程序界面的基础，通过窗体可以将窗口和对话框添加到应用程序中。

1）创建工程

在"文件"菜单中选择"新建工程"菜单项，打开"新建工程"对话框，选择"标准EXE"，单击"确定"按钮。Visual Basic 6.0将创建一个新的工程并显示一个新的窗体。此时工程默认文件名为"工程1"，窗体默认文件名为"Form1"。

2）添加控件

（1）添加文本框。

单击工具箱中的TextBox按钮，此时按钮为凹下去的。将指针移动到窗体上，此时指针图标变为十字形的。将十字形放在文本框所在位置的左上角，按下鼠标左键，拖动十字形，画出需要的文本框的大小，松开鼠标左键，文本框控件即出现在窗体上，如图1-19所示。

（2）添加按钮。

单击工具箱中的CommandButton按钮，模仿添加文本框的步骤，在窗体上添加两个按钮控件，如图1-20所示。

3）调整控件

此时可以看到窗体中控件的大小以及位置都不协调，因此接下来应该将控件的大小以及位置调整一下。

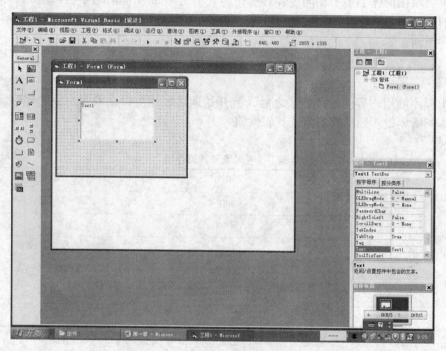

图1-19 在窗体中添加文本框

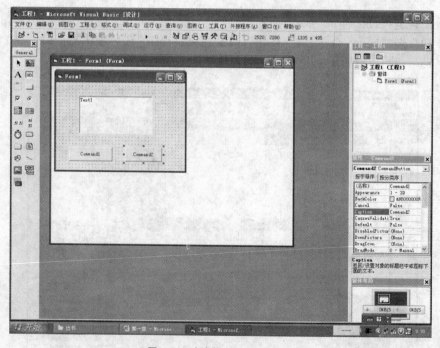

图1-20 在窗体上添加两个按钮

（1）用鼠标单击欲调整的控件，调整控件的大小：将鼠标指针移动到尺寸句柄（在控件四边的小方格）上，拖动尺寸句柄，调整到希望的大小。

（2）通过"格式"菜单完成调整控件的大小、统一尺寸、对齐控件、锁定控件等操作。如，当希望窗体上多个相同控件具有相同大小时（如本例中的两个按钮），可以用拖动鼠标的方法同时选中多个控件，由"格式"菜单的"统一尺寸"功能来实现。本例选择"两者都相同"。

1.4.2　设置属性

应用程序的用户界面设计好了之后，就开始通过属性窗口来设置对象的属性。表1-9列出了本例所要设置属性的对象及其属性值。

表1-9　对象及其属性值

对象	属性	属性值
窗体	Caption	例题
文本框	Text	""（空）
文本框	Font	华文彩云
文本框	ForeColor	&H00FF80FF&
按钮1	Caption	显示
按钮2	Caption	隐藏

根据表中所列的值，分别选中对象，通过属性窗口设置对象的属性值。

1.4.3　编写代码

编写代码是Visual Basic 6.0程序设计中很重要的一个步骤，通过代码编辑器窗口编辑代码。分别双击"显示"/"隐藏"按钮，打开窗体Form1的代码编辑器窗口，在光标停留处添加代码。如图1-21所示。

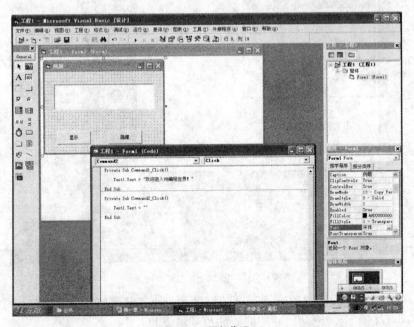

图1-21　添加代码

1.4.4　调试运行程序

编辑完成代码之后，可以通过调试菜单的各种调试手段来调试程序，尽可能地发现程序中存在的错误和问题。运行程序时，单击工具栏上的启动按钮，或者单击"运行"菜单的"启动"菜单项运行程序，单击"显示"按钮，运行结果如图1-22所示。

图1-22　单击显示按钮运行结果

1.4.5　生成可执行文件

创建Visual Basic 6.0应用程序的最后一步是生成可执行文件（.EXE）。当生成可执行文件之后就可以在操作系统中直接运行该可执行文件，而不必每次都到Visual Basic 6.0中运行该文件。要注意的是，此时该文件还不能在没有安装Visual Basic 6.0环境的电脑上运行。若要该文件在没有安装Visual Basic 6.0的电脑上运行，要利用Visual Basic 6.0提供的工具"打包和展开向导"来对该应用程序打包。这部分内容在此不作具体介绍。

生成可执行文件的方法如下：单击文件菜单的"生成….EXE"菜单项（这里是"生成工程1.EXE"），如图1-23所示。

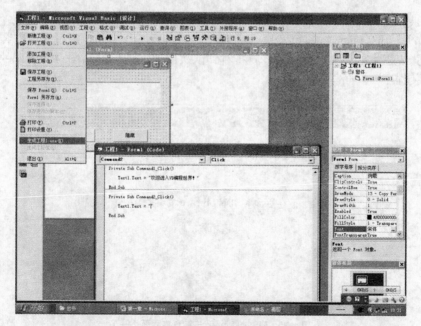

图1-23　生成可执行文件

此时，可以选择工程存放的位置和工程名。在编辑程序的过程中要注意保存文件，以防止因死机或断电等原因造成文件丢失。保存文件可以单击文件菜单的"保存工程"菜单项，或者在工具栏中单击"保存工程"按钮。如果是第一次保存文件，将出现另存为对话框，可以选择文件要保存的位置以及各文件的名字，如图1-24所示。

图1-24　保存文件对话框

1.5　Visual Basic的帮助系统

Visual Basic提供了功能非常强大的帮助系统，这是我们学习VB和查找资料的重要渠道。从Microsoft Visual Studio 6.0开始，Microsoft将所有可视化编程软件的帮助系统统一采用全新的MSDN（MicroSoft Developer Network）文档形式提供给用户。MSDN实际上就是Microsoft Visual Studio的庞大的知识库，完全安装后将占用超过800MB的磁盘空间，内容包含Visual Basic、Visual FoxPro、Visual C++和Visual J++等编程软件中使用到的各种文档、技术文章和工具介绍，还有大量的示例代码。

1.5.1　MSDN Library的安装

Microsoft提供的MSDN Library Visual Studio 6.0安装程序存放在两张光盘上，用户也可以通过http://msdn2.microsoft.com/zh-cn/default.aspx进行下载安装。通过光盘安装时，只要运行第一张光盘上的setup.exe程序，就将看到依次出现如图1-25与图1-26所示的"MSDN Library安装程序"界面。

图1-25　MSDN Library安装程序界面（一）

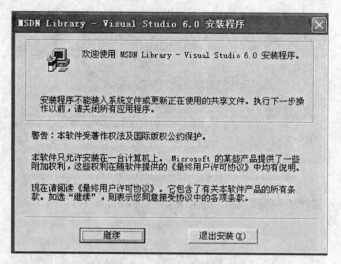

图1-26 MSDN Library安装程序界面（二）

当如图1-27所示的选择安装类型的窗口出现时，我们可以根据需要选择"典型安装"、"自定义安装"或"完全安装"。"典型安装"方式允许用户从光盘上运行MSDN Library。Setup 程序只将最小的文件集复制到您的本地硬盘上。这些文件包括MSDN 查阅器的系统文件、目录索引文件以及 Visual Studio 开发产品要使用的帮助文件。

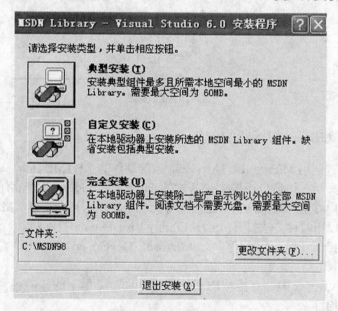

图1-27 选择安装类型

在"自定义安装"方式中，我们可以指定在本地硬盘安装哪些 MSDN Library 文件。所选的文件将会与"典型"方式安装中所提到文件一起复制到本地硬盘上。我们仍可看到完整的 Library 目录。如果所选择的内容尚未安装在本地硬盘上，则将会提示插入 MSDN Library CD。因此，选择特定的自定义安装选项可加速搜索，并可减少与光盘的数据交换量。

选择安装类型后，将进入如图1-28所示的程序安装过程。

图1-28　程序安装进度

MSDN Library程序安装完成后，将出现如图1-29所示的界面，单击"确定"结束整个安装过程。

图1-29　安装完成

1.5.2　MSDN Library阅读器的使用

MSDN Library是用 Microsoft HTML Help 系统制作的。HTML Help 文件在一个类似于浏览器的窗口中显示，该窗口不像完整版本的 Internet Explorer 那样带有所有工具栏、书签列表和最终用户可见的图标，它只是一个分为三个窗格的帮助窗口。MSDN Library程序安装成功后，可以用两种方法打开MSDN Library Visual Studio查阅器。

方法一：选择"开始" / "程序" / "Microsoft Developer Network" / "MSDN Library Visual Studio 6.0 (CHS)"。

方法二：在VB窗口中，直接按F1或选择"帮助"菜单下的"内容"、"索引"或"搜索"菜单项均可。

MSDN Library 查阅器的窗口打开后如图1-30所示。

窗口顶端的窗格包含有工具栏，左侧的窗格包含有各种定位方法，而右侧的窗格则显示主题内容，此窗格拥有完整的浏览器功能。任何可在 Internet Explorer 中显示的内容都可在 HTML Help 中显示。定位窗格包含有"目录"、"索引"、"搜索"及"书签"选项卡。单击目录、索引或书签列表中的主题，即可浏览 Library 中的各种信息。"搜索"选项卡可用于查找出现在任何主题中的所有单词或短语。

图1-30　MSDN Library 查阅器

1.6　本章小结

本章介绍了Visual Basic 6.0的基础知识。通过学习，应掌握如下内容：Visual Basic 6.0的特点和启动步骤；Visual Basic 6.0的集成开发环境和设计应用程序的一般步骤以及安装和使用Visual Basic 6.0帮助系统。

1.7　习题1

一、选择题

（1）Visual Basic是一种面向对象的可视化程序设计语言，采取了(　　)的编程机制。

A.事件驱动　　　　　　　　　　B.按过程顺序执行

C.按主程序开始执行　　　　　　D.按模块顺序执行

（2）以下不属于Visual basic的工作模式的是(　　)模式。

A.编译　　　　　　　　　　　　B.设计

C.运行　　　　　　　　　　　　D.中断

二、编程题

编写一个程序，要求程序在运行之后单击"显示"按钮时，将在标签（label）上显示"欢迎进入VB的编程世界。"，单击"退出"按钮将结束应用程序。

（提示：设置标签的caption属性显示欢迎词，退出程序使用end语句）

第2章 Visual Basic 6.0编程基础

通过上一章的学习，可以看到，要建立一个简单的Visual Basic应用程序是非常容易的。但要编写稍微复杂的程序，就会用到各种不同类型的数据、控件、变量，以及由这些数据及运算符组成的各种表达式。这些是程序设计语言的基础。

本章要点

- 标识符的概念及命名规则。
- Visual Basic支持的数据类型。
- 变量及变量的定义。
- 符号常量的定义与使用。
- 算术运算符和算术表达式。
- 关系运算符和关系表达式。
- 逻辑运算符和逻辑表达式。
- 字符运算符和字符表达式。
- 常用系统函数与过程。

2.1 编码规则

2.1.1 标识符的概念

1）标识符

在程序中会用到各种对象，如符号常量、变量、数组和过程等，为了识别这些对象，必须给每一个对象一个名称，这样的名称称为标识符。

VB中标识符的命名规则如下：

（1）标识符必须以字母开头，后跟字母、数字或下划线，不能含有点号和"%"、"&"、"！"、"＃"、"$"、"@"、空格等字符。

（2）标识符的长度不能超过255个字符。

（3）自定义的标识符不能和VB中的运算符、语句、函数和过程名等关键字同名，同时也不能与系统已有的方法和属性同名。

例如，下面是合法的VB语言标识符：

Cmd、Stu_Na、Frm1、name、age

下面是不合法的VB语言标识符：

9a（数字不能作为标识符的第一个字符）

D、C.（标识符中出现非法字符）

Stu age（空格不能出现在一个标识符的中间）

2）关键字

又称保留字，是VB保留下来的作为程序中有固定含义的标识符，不能被重新定义，是语言的组成部分，往往表示系统提供的标准过程、函数、运算符、常量等。在VB中，约定关键字的首个字母为大写。

（1）标识符的命名不区分大小写。例如 boy 、BOY及Boy会被认为是同一个标识符。

（2）命名标识符时应该注意到"见名知义"，即选择有相应含义的英文单词、汉语拼音等作为标识符，如以Student（表示学生）、Age（表示年龄）为标识符较以a（表示学生）、b（表示年龄）为标识符，增加了程序的可读性。

2.1.2　编码规则

1）VB代码书写规则

（1）程序中不区分字母的大小写，Ab 与AB等效。

（2）系统对用户程序代码进行自动转换。

（3）对于VB中的关键字，首字母被转换成大写，其余被转换成小写。

（4）若关键字由多个英文单词组成，则将每个单词的首字母转换成大写。

（5）对于用户定义的变量、过程名，以第一次定义的为准，以后输入的自动转换成首次定义的形式。

2）语句书写规则

语句是构成VB程序的最基本成分。语句是用于向系统提供某些必要的信息，或者规定系统应该执行的某些操作。语句的一般格式如下。

格式：　　<语句定义符> <语句体>

注意：

（1）"语句定义符"用于规定语句的功能。

（2）"语句体"用于提供语句所要说明的具体内容或者要执行的具体操作，例如：

```
Dim  Number As Integer   '定义语句，定义Number为整型变量
Number=100              '赋值语句，将100赋值给整型变量Number
```

（3）在同一行上可以书写多行语句，语句间用冒号(：)分隔，单行语句可以分多行书写，在本行后加续行符：空格和下划线，例如：

```
Dim X,y,Z As Integer , Number As String ,Choice As Boolean , F As double
X=20:y=10:F=9.8
Z=X+y
```

3）程序的注释方式

（1）整行注释一般以 Rem开头，也可以用撇号" ' "。

例如：

```
Private Sub Command1_Click()
    Rem 单击按钮响应该事件过程
    Text1.Text = "欢迎你。"      '设置Text1的text属性值
End Sub
```

（2）用撇号引导的注释，既可以是整行的，也可以直接放在语句的后面，最方便。

（3）可以利用"编辑"工具栏的"设置注释块"、"解除注释块"来设置多行注释。

2.2　基本数据类型

VB的数据类型比较丰富，基本数据类型是VB系统定义的数据类型，用户可以直接使用它们来定义常量和变量，表2-1列出了VB使用的基本数据类型。

表2-1　VB 基本数据类型

数据类型	关键字	类型符	字节数	范围
整型	Integer	%	2	–32768 ~ 32767
长整型	Long	&	4	–2147483648 ~ 2147483647
单精度型	Single	!	4	–3.402823E38 ~ 3.402823E38
双精度型	Double	#	8	–1.79769313486232D308 ~ 1.79769313486232D308
货币型	Currency	@	8	–922337203685477.5808 ~ 922337203685477.5807
字节型	Byte	无	1	0 ~ 255
日期型	Date	无	8	01/01/100 ~ 12/3/9999
逻辑型	Boolean	无	2	True与False
字符型	String	$		0 ~ 65535个字符
对象型	Object	无	4	任何对象
变体型	Variant	无	不确定	上述有效范围之一

基本数据类型是系统定义的标准数据类型，可以直接使用。分为6类：数值型、日期型、逻辑型、字符型、对象型和变体型。

2.2.1　数值型数据

数值型数据分为整型和实型两类。

1）整型

整型数是不带小数点和指数符号的数，包括整型、长整型和字节型整数。

（1）整型（Interger）。整型数是不带小数点，范围在–32768 ~ 32767之间，在机器内使用2个字节存储的整数。在VB中数尾常加"%"表示整型数据，也可省略。如–34，78%，而45678%则会发生溢出错误，所谓溢出错误是指要表示的数超过了能表示数的范围。

（2）长整型（Long）。长整型可以超过整型–32768 ~ 32767范围，可以是–2147483648 ~ 2147483647之间的不带小数点的整数，在机器内用4个字节存储。在VB中数尾常加"&"表示长整型数据。如–334&、67785649&。整型和长整型均用于保存整数，可以是正整数、负整数或者0。例如：369、–369、+369均表示整数，而369.0就不是整数；–9993977、12345678均表示长整数。整型数的运算速度快、精确，且占用存储空间较小，但表示数的范围也较小。

（3）字节型（Byte）。字节型用来存储二进制数，是范围在0 ~ 255之间的无符号整数，不能表示负数，在机器内用一个字节存储。Byte是0~255的无符号类型。

2）实型

实型数据主要分为单精度型、双精度型和货币型3种。

（1）单精度型（Single）。单精度数是带小数点的实数，有效数字为7位，在机器内用4个字节存储。通常以指数形式表示，指数部分用"E"或"e"表示。在VB中数尾常加"！"表示单精度数据，也可省略。如-234.78、$45.56!$、$2.67e+3$、$-2.89E-2$。单精度数有多种表示形式：$\pm n.n$(小数形式)、$\pm n E \pm m$(指数形式)、$\pm n.n E \pm m$(指数形式)。例如，123.45、0.12345E+3、123.45！都是同值的单精度数。如果某个数的有效数字位数超过7位，当把它定义为单精度变量时，超出的部分会自动四舍五入。

（2）双精度型（Double）。双精度数也是带小数点的实数，有效数字为15位，在机器内用8个字节存储。通常以指数形式表示，指数部分用"D"或"d"表示。在VB中数尾常加"#"表示双精度数据，也可省略。如$-374.778\#$、$5.678D+2$、$-2.67e+3\#$。

（3）货币型（Currency）。货币型数据是一种专门为处理货币而设计的数据类型，是一种特殊的小数，它的精度要求较高，用8个字节存储，保留小数点右边4位和小数点左边15位，如果数据定义为货币型，且其小数点后超过4位，那么超过的部分会自动四舍五入。在VB中数尾常加"@"表示货币型数据。如3.4@、565@。

2.2.2 日期型数据

日期型数据（Date）是为表示日期设置的，在机器内用8个字节存储，表示从公元100年1月1日到公元9999年12月31日的日期，时间范围则从0点0分0秒到23点59分59秒，即0：00：00 ~ 23：59：59。表示方法是以"#"括起来的字面上被认为是日期和时间的字符，例如：#04/10/2008#、#2004-08-10#、#September 1, 2004#、#2004-9-10 13：30：15#。

2.2.3 逻辑型数据

逻辑型数据（Boolean）是用来表示逻辑判断结果的，只有真(True)和假(False)两个值，在机器内用2个字节存储。若数据信息是"true/false"、"yes/no"、"on/off"信息，则可将它定义为Boolean 类型。逻辑数据转换成整型数据时，真转换为1，假转换为0；其他类型数据转换为逻辑数据时，非0数转换为真，0转换为假。

2.2.4 字符型数据

字符型数据是用双引号括起来的一串字符，用来定义一个计算机字符组成的序列。在机器中1个字符用1个字节存储。每个字符都以ASCII编码表示，因此在字符串中字母的大小写是有区别的。例如："Visual Basic"、"123.456"、"everyone"、" "（空字符串）。

2.2.5 变体型数据

变体型（Variant）是一种通用的、可变的数据类型，它可以表示以上任何一种数据类型。它是声明变量时的默认类型。Variant数据类型能够存储所有系统定义类型的数据。如果把它们赋予Variant变量，则不必在这些数据的类型间进行转换，VB会自动完成任何必要的转换。假设定义a为变体型变量，在变量a中可以存放任何类型的数据。

2.2.6 对象型数据

对象型数据（Object）主要以变量形式存在，可以引用应用程序或某些其他应用程序中的对象。在机器内用4个字节存储。使用Set语句指定一个被声明为Object的变量去引用应用程序所识别的任何实际对象。例如：

Dim objDb As Object

Set objDb=OpenDatabase("c:\Vb6\student.mdb")

2.3 常量与变量

在VB程序中，常用的数据类型有两种：一是常量，二是变量。

2.3.1 常量

程序运行过程中，其值始终不变的量称为常量。在VB中有3类常量：普通常量、符号常量和系统常量。普通常量一般可以从字面上区分其数据类型；符号常量是用一个字符串（符号或常量名）代替程序中的某个常数；系统常量是VB系统定义的常量，存在于系统的对象库中。

1）普通常量

普通常量也称直接常量，是在程序代码中以明显的方式给出的数据，可直接反映其数据类型，也可在常数值后紧跟类型符，表明常数的数据类型。例如：

字符串常量 "vb" 、 "1234"

数值常量 123、32&、11.3、1.2E3

逻辑常量 True 、False

日期常量 #03/22/2008# #10:1:30#

2）符号常量

在程序中，某个常量被多次使用，则可以使用一个符号来代替该常量。例如，数学运算中的圆周率常数π，如果使用符号PI来表示，在程序中使用到该常量时，就不必每次输入"3.1415926535"，可以用PI来代替它，这样不仅在书写上方便，而且有效地增加了程序的可读性和可维护性。

VB中使用Const语句来声明符号常量。其格式为：

[Public|Private] Const <常量名> [As <数据类型>]=<表达式> …

其中，<表达式>由数值常量、字符串等常量及运算符组成，可以包含前面定义过的常量，但不能使用函数调用。

例如，以下都是正确的用户定义常量：

Const PI=3.1415926

Public Const Max As Integer = 10

Const YDate = #4/3/2009#

3）系统常量

VB提供了应用程序和控件的系统定义常量。这些常量可与应用程序的对象、方法和属性一起使用，在代码中可以直接使用它们。可以在"对象浏览器"中查看内部常量。选择"视图"菜单中的"对象浏览器"，则打开"对象浏览器"窗口。在下拉列表框中选择

VB或VBA对象库，然后在"类"列表框中选择常量组，右侧的成员列表中即显示预定义的常量，窗口底端的文本区域中将显示该常量的功能。

使用系统常量，可使程序变得易于阅读、编写和维护。例如，VB中经常使用VBNormal、VBMinimized和VBMaximized三个系统常量[0（正常窗口）、1（最小化窗口）和2（最大化窗口）]来代替表示窗体状态WindowsState属性的取值，这样使用非常直观。

在程序中使用语句Myform. WindowsState=VBMaximized将窗口极大化，要比语句Myform. WindowsState=2易于阅读和理解。

2.3.2　变量

在程序运行过程中，其值可以改变的量称为变量。变量由名字和数据类型确定。一个变量在内存单元中占据一定的存储单元，一个变量可以存放一个数据，变量数据类型则决定了该变量的存储方式和在内存中占据存储单元的大小。

在VB中进行计算时，常常需要临时存储数据。可以使用变量存储临时数据。对于每个变量，必须有一个唯一的变量名字和相应的数据类型。

1）声明变量

用语句声明，格式如下：

Dim/ Public/ Private / Static 变量名 [As 数据类型][, 变量名 [As 数据类型]…]

说明：

（1）使用不同的命令关键字和声明语句的位置不同，变量有不同的作用域。

（2）变量名应遵循标识符的命名规则。

（3）数据类型可以是前面列出的任何一种。

（4）一条语句可声明多个变量，以逗号分隔。

变量被声明后，VB即为之赋缺省的初值：数值型变量的缺省初值为0；字符串型为空串；布尔型为False；日期/时间型为1899年12月30日0点0分0秒；可变型为空empty。

在大多数的编程语言中，要求变量"先声明，再使用"。声明变量就是声明变量的名字和数据类型，以决定系统给它分配存储空单元。在VB中使用一个变量时，可以不事先声明，而直接引用，这叫做隐式声明。使用这种方法虽然简单，但却容易在发生错误时令系统产生误解。所以一般对于变量最好先声明，然后再使用。声明一个变量，主要目的就是通知程序，以后在程序中可以使用这个变量了。所谓显式声明，是指每个变量必须事先作声明，才能够正常使用，否则会出现错误警告。

设置显式声明变量的方法有以下两种：

（1）在各种模块的声明部分中添加如下语句：

Option Explicit

（2）在"工具"菜单项中选择"选项"，在出现的对话框中选择"编辑器"选项卡，再将其中的"要求变量声明"选项前的复选标记选中即可。只是此种方法只能在以后生成的新模块中自动添加Option Explicit语句，对于已经存在的模块不能作修改，需要用户自己手工添加。

2）变量赋值

在声明一个变量后，要先给变量赋上一个合适的值才能够使用。给变量赋值的格式如下：

变量名 = 表达式

可以使用一个表达式的数值来给某个变量赋值。一个普通的常量、变量均属于简单的表达式。

例如，给一个变量X，可以使用如下几种表达式进行赋值：

X = 5

X = Y

X = X + 1

其中，Y是一个已经赋过数值的变量。以上三个赋值语句都是合理的，均将右边表达式计算后的数值赋给变量X。

> **注意：**
>   赋值号"="左边只能是变量，不能是常量、常数符号或表达式；赋值号右边的表达式可以是任何类型的表达式或常量值，一般其类型应与变量名的类型一致。

3）引用变量

在需要使用变量中的值时，必须引用变量的名字来取出其中存放的数值。使用时，直接在需要用数值的位置上写上变量的名字，系统会自动从变量所对应的存储单元中取出相应的变量值进行计算。

例如：将变量Y的值赋给变量X，就必须引用变量Y，将其中的数值取出赋给X，也即将变量Y的值存放在变量X的内存空间中。使用代码如下：

X = Y

当执行完上述语句之后，变量X和变量Y所对应的值相等。

2.4　运算符与表达式

运算符是代表VB某种运算功能的符号。VB程序会按运算符的含义和运算规则执行实际的运算操作。在VB中有4种运算符：算术运算符、连接符、关系运算符和逻辑运算符。由运算符将相关的常量、变量、函数等连接起来的式子即为表达式。根据表达式计算的结果，把VB表达式分为算术表达式、字符表达式、字符串表达式、关系表达式和逻辑表达式。

2.4.1　运算符与表达式

1）算术运算符与算术表达式

算术运算符主要用于算术运算，要求参与运算的变量是数值型，运算的结果也是数值型，除了"−"取负号运算符是单目运算符（要求一个运算量），其余都是双目运算符（要求两个运算量），VB中有8个算术运算符，运算规则及优先级详见表2-2。由算术运算符、括号、内部函数及数据组成的式子称为算术表达式。

表2-2 算术运算符

运算符	含义	示例	结果	优先级
^	乘方	2^5	32	1
_	负号	−7	−7	2
*	乘	3*5	15	3
/	除	2/5	0.4	3
\	整除(直接取整)	11\5	2	4
Mod	取模(求余)	7Mod2	1	5
+	加	4+8	12	6
−	减	1.5−1	0.5	6

说明：

（1）算术运算符的操作数可以是数值型、数字字符型或逻辑型，数字字符型或逻辑型数据自动转换为数值型后再参与运算。例如表达式：false + 5 − "2"的结果为3。

（2）整除运算是直接取整而不进行四舍五入的操作。如果参加整除运算的操作数是实数，按四舍五入的规则将其改变为整数后，再参与运算，如11.7\3.2的结果是4。

（3）取模运算结果为两操作数相除后的余数，操作数可以是实数，先按四舍五入的规则将其变为整数后，再参与运算，求余结果的正负号始终与第一个运算量的符号相同，如10.35 Mod 4.6的结果为0， − 13.6 Mod 4.3的结果为 − 2。

（4）在算术运算中，如果操作数具有不同的数据精度，则VB规定运算结果的数据类型以精度高的数据类型为准。

2）字符串运算符与字符串表达式

字符串运算符主要用于两个字符串的连接（详见表2-3）。由字符串运算符和字符串运算量构成的表达式称为字符串表达式。

表2-3 连接运算符

运算符	含义	示例	结果
&	连接两个字符串	"abc" & "123"	"abc123"
+	计算和或连接字符串	"123" + "456"	"123456"

说明：

（1）"&"连接符两边的操作数不管是字符还是数值型，进行操作前，系统先将操作数转换成字符型，然后再连接。如"1234" & "5"的结果为"12345"。

（2）"+"连接的两个操作数应均为字符型，若均为数值型，则进行算术加运算；若一个为数字字符，另一个为数值型，则自动将数字字符转换为数值，然后进行算术加运算；若一个为非数字字符型，另一个为数值型，则出错。

例如：

"12" +11 　　　　　　　　结果为"23"' 进行的加运算

"123" + "123456"	结果为"123123456" ' 两个字符串连接	
"abc" +123	结果为错	
"123" & 123	结果为123123	
123 & 123	结果为123123	
"abc" & 123	结果为"abc123"	

注意：

在字符串变量后使用"&"运算符时，变量和运算符之间应加一个空格。因为"&"既是字符串连接符，也是长整型类型符，当变量名和符号"&"连在一起时，VB把它作为类型符号处理，这时将报错。

3）关系运算符与关系表达式

关系运算符用来确定两个表达式之间的关系，关系运算符都是双目运算。其优先级低于数学运算符，各个关系运算符的优先级是相同的，结合顺序从左到右。关系运算符与运算数构成关系表达式，关系表达式的最后结果为布尔值，若关系成立，关系表达式的结果为True，若关系不成立，结果为False。关系运算符常用于条件语句和循环语句的条件判断部分。表2-4列出了VB中的关系运算符。

表2-4　关系运算符

关系运算符	含义	示例	结果
=	等于	"abcd" = "ABCD"	False
>	大于	13 > 22	False
>=	大于等于	10 >= 21	False
<	小于	10+5 < 12+4	True
<=	小于等于	"123" <= "4"	False
<>	不等于	"a" <> "A"	True
Like	字符串匹配	"abcde" Like "*cd*"	True
Is	对象引用比较	—	—

说明：

（1）两个操作数为数值型时，按照数值大小比较。

（2）两个操作数为字符型时，按ASCII码值对应比较，直到出现不相同的字符为止，ASCII码值大的字符串大。

（3）Like字符串用于字符串的模糊查询，通常与通配符"？"、"*"、"#"及[字符列表][！字符列表]等结合使用。其中"？"表示任意单个字符，"*"表示任意多个字符，"#"表示任意0~9的数字，[字符列表]表示字符列表中的任何单一字符，[！字符列表]表示不在字符列表中的任何单一字符。

（4）日期类型数据比较大小时，早日期小于晚日期。

例如：

"abc" > "ad"	结果为False
86 < 70	结果为False
"abc" <> "ABC"	结果为True
"abcde" = "abcdf"	结果为False
#2/6/2008# > #2/1/2008#	结果为True

4）逻辑运算符与逻辑表达式

数学式子"10≤x≤60"表示变量x的取值范围在10和60之间（包括10和60），实际上"10≤x≤60"是两个条件的组合，这两个条件分别为：x≥10和x≤60，式子的含义是要求这两个条件同时满足，可以看做一种复合条件，在VB中用运算符AND来连接。这种表示复合条件的运算符就是逻辑运算符，用逻辑运算符连接逻辑量的式子就是逻辑表达式，如上式可以表示为：

x≥10 And x≤60

这是一个逻辑表达式，其中And为逻辑运算符，含义是"与"，即要求同时满足x≥10和x≤60两个条件。

逻辑运算符主要用于逻辑运算，其操作数经常是关系表达式或逻辑型数据（详见表2-5）。由逻辑运算符、关系表达式、逻辑常量、变量和函数构成逻辑表达式，运算结果为逻辑值。

表2-5　逻辑运算符

运算符	含义	说明	示例	结果	优先级
Not	取反	操作数为真时，结果为假，否则为真	Not(3>5)	True	1
And	与	两个操作数都为真时，结果为真，否则为假	（"c" > "b"）And(3<5)	True	2
Or	或	两个操作数之一或全为真时，结果为真，否则为假	(2<>3)Or（"x" > "a"）	True	3
Xor	异或	两个操作数为一真一假时，结果为真，否则为假	(6=7)Xor(7>9)	False	3

2.4.2　表达式书写规则

1）表达式书写规则

在VB中书写表达式原则如下：

（1）乘号不能省略。

（2）表达式从左至右在同一基准上写，无高低、大小之分，如出现上标和下标和数学中的分数线。

（3）要注意各种运算符的优先级，可通过增加小括号"（　）"来改变优先级或使得表达式更清晰易读。

2）运算符优先级

当一个表达式中出现多种不同类型的运算符时，不同类型的运算符优先级别如下：

函数运算 > 括号 > 算术运算符 > 字符运算符 > 关系运算符 > 逻辑运算符

2.5 常用内部函数

内部函数是语言系统本身把一些常用的操作事先编写成一段程序代码并封装起来，用户通过函数名调用这段程序并返回一个函数值。在VB6.0中，有两类函数：内部函数和自定义函数。

在程序中使用函数时，只要给出函数名并给出它和要求的参数，函数调用的一般格式为：

函数名(参数1，参数2，…)   '有参函数

函数名   '无参函数

其中，参数（也称自变量）放在圆括号内，若有多个参数，以逗号分隔。

对于VB的内部函数，按其功能可分为数学函数、字符串函数、转换函数和日期时间函数等。

2.5.1 数学函数

VB提供了大量的数学函数。常用数学函数有三角函数、算术平方根函数、对数函数、指数函数及绝对值函数等，数学函数主要用于各种数学运算（详见表2-6）。

表2-6   数学函数

函数	含义	示例
Abs(x)	求x的绝对值	Abs(−3.2) = 3.2
Atn(x)	求x的反正切值	Atn(1) = 0.785398163397448
Cos(x)	求x的余弦值(x为弧度)	Cos(1) = 0.54030230586814
Exp(x)	求e的x次幂	Exp(1) = 2.71828182845905
Log(x)	求x的自然对数	Log(1) = 0
Sgn(x)	求x的符号值	Sgn(−3) = −1
Sin(x)	求x的正弦值(x为弧度)	Sin(1) = 0.841470984807897
Sqr(x)	求x的平方根值	Sqr(9) = 3
Tan(x)	求x的正切值(x为弧度)	Tan(1) = 1.5574077246549

注：三角函数的自变量以弧度表示，反三角函数的返回值也是弧度值。

2.5.2 字符串函数

字符串函数用于处理字符串信息。若函数的返回值为字符型数据，则常在函数名后加"$"字符。VB中也可省略此符号。常用的字符串函数如表（详见表2-7）。

表2-7　字符串函数

函数	含义	示例
Lcase(C)	将C从大写字母变为小写字母	LCASE（"Hello"）="hello"
Left$(C,N)	截取C左边的N个字符	Left$（"abcdef",2）="ab"
Len(C)	返回C的长度	Len（"abcd"）=4
Right$(C,N)	截取C右边的N个字符	Right$（"abcdef",2）="ef"
Mid(C,N1,N2)	截取C中第m个字符开始的n个字符	Mid（"abcdef",2,3）="bcd"
Space$(N)	返回N个空组成的字符串	Space$(3)="　"
Trim(C)	删除C的左右空格	Trim（"ab"）="ab"
Ucase(C)	从C中小写字母改为大写字母	Ucase（"xyz"）="XYZ"

说明：

C是字符型，N是数值型（N表示个数，N1表示起始位，N2也表示个数）。

2.5.3　类型转换函数

类型转换函数主要用来实现不同类型数据之间的转换。常用的类型转换函数如表2-8。

表2-8　类型转换函数

函数	功能	示例
CBool(x)	将任何有效的字符串或数字转换为逻辑型	
CByte(x)	将0~255之间的数值转换为字符型	
CDate(x)	将有效的日期字符串转换为日期	
CDbl(x)	将数值型数据x转换为双精度型	
Fix(x)	将x的整数部分直接取整	Fix(−50.6) = −50
Int(x)	返回不大于x的最大整数	Int(−50.6) = −51
Cint(x)	x的四舍五入整数值	Cint(3.6) = 4
CLng(x)	将数值型数据x转换为长整型，小数部分四舍五入	
Csng(x)	将数值型数据x转换为单精度型	
CStr(x)	将x转换为字符串型，若x为数值型，则转为数字字符串(对于正数符号位不予保留)	CStr(1234)="1234" CStr(−234)="−234"
Asc(x)	返回字符串x中首字符所对应的ASCII码值	Asc（"ABCD"）= 65
Chr(n)	返回n所对应的ASCII码字符	Chr(100) = "d"
Str(x)	将数值型x转换为字符型，包括符号位	Str(323.1)=" 323.1"
Val(x)	将字符串x中的数字转换成数值	Val（"3231abc"）=3231

说明：

（1）Str()函数将非负数值转换成字符类型后，会在转换后的字符串左边增加空格即数值的符号位。例如表达式：Str(123)的结果为" 123"而不是"123"。

（2）Val()函数将字符串转换为数值，若字符串中第一个字符不能够解释为数字，则返回数值0，否则转换到第一个非数字字符为止。如：Val（"a123"）=0，Val（"123ab456"）=123，Val（"123e4"）=1230000，"e"被认为是指数符号。

2.5.4　日期和时间函数

（1）Date：返回系统当前日期。

（2）Time：返回系统当前时间。

（3）Minute：返回系统当前时间中分钟的值。

（4）Second：返回系统当前时间中秒的值。

2.5.5　随机函数与Randomize语句

1）随机函数Rnd([N])

随机函数Rnd可以不要参数，其括号也可省略。返回[0~1]之间的小数，即包括0但不包括1。若要随机产生一个两位数整数，可以通过下面的表达式来实现：

Int(rnd*90)+10　'产生10~99之间的整数

要产生[m,n]之间的整数可以通过下面的表达式来实现：

Int(rnd*(n-m+1))+m　'区间长度加1乘rnd取整再加上下限

2）Randomize语句

该语句的作用是初始化VB的随机函数发生器，使用该语句可以将计时器返回的值作为新的种子，产生不同的随机数序列。例如：

```
Randomize
For  i=1 to 10
    Print Int(rnd*90)+10;
Next i
```

2.6　典型实例

【例2-1】求一个三位数的各位之和。

输入一个三位数，然后求出该数的各位数字之和并显示出来。程序的设计界面如图2-1所示，程序的运行界面如图2-2所示。程序运行时，在相应的文本框中输入一个三位数，单击"计算"按钮，将计算该三位数各位数字之和并在对应的文本框中显示结果，单击"结束"按钮，将关闭应用程序。

【分析】

要求出一个给定的三位数各位之和，首先需要求出各位的值，个位数值应是三位数模10的结果，百位数值应为三位数整除100的结果。十位数有两种方法：（1）首先三位数整除10之后，再模10之后的结果；（2）首先模100之后，再整除10的结果。

【界面设计】

本例控件属性设置及控件描述见表2-9所示（Label控件的属性设置，可参照设计界面进行设置）。

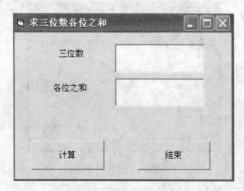

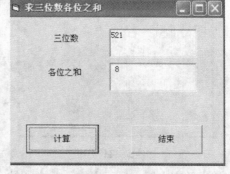

图2-1 设计界面 图2-2 运行界面

表2-9 控件的属性设置及控件作用

控件名称	属性名	属性值	控件描述
Text1	Text	""（空）	输入三位数
Text2	Text	""（空）	显示结果
Command1	Caption	"计算"	单击按钮进行计算各位数字之和
Command2	Caption	"结束"	单击按钮结束应用程序

【代码】

```
Private Sub Command1_Click()
    Dim n As Integer, m As Integer
    Dim a As Integer                          '百位数字
    Dim b As Integer                          '十位数字
    Dim c As Integer                          '个位数字
    n = Val(Text1.Text)                       '获取文本框中三位数
    a = n \ 100                               '整除100
    'b = (n \ 10) Mod 10                       '先整除之后取模
    b = (n Mod 100) \ 10                      '采取这种方法也可以
    c = n Mod 10                              '取模
    m = a + b + c                             '求各位数字之和
    Text2.Text = Str(m)                       '显示求和结果
End Sub
Private Sub Command2_Click()
    End                                       '结束应用程序
End Sub
```

【运行程序】

启动程序后，在文本框1中输入任意一个三位数，然后单击"计算"按钮便在文本框2中显示出该三位数的各位数字之和。单击"结束"按钮退出应用程序。

【例2-2】求梯形面积。

编写一个程序，输入梯形的上底、下底和高，输出梯形的面积。程序的设计界面如图2-3所示，程序的运行界面如图2-4所示。程序运行时单击"计算"按钮将计算出梯形的面

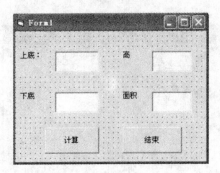

图2-3 设计界面

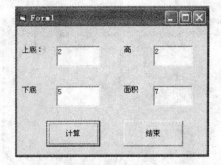

图2-4 运行界面

积并在相应的文本框中显示出来，单击"结束"按钮将结束应用程序。

【分析】

在三个文本框中分别输入梯形的上底、下底和高，然后根据计算梯形面积公式求出梯形面积，在相应的文本框中显示。

S=(上底 + 下底)×高 / 2

> 注意：
> 对于任意的上底、下底和高都能构成梯形，不需要对参数取值进行判断，对于输出面积的文本框，不需要接受用户的输入，将其"Locked"属性值设置为"True"，文本框的内容只能通过代码进行设置。

【界面设计】

本实例控件属性设置及控件描述如表2-10所示。

表2-10 控件属性设置及控件描述

对象名	属性名	设置值	对象描述
Text1	Text	""（空）	输入梯形的上底
Text2	Text	""（空）	输入梯形的下底
Text3	Text	""（空）	输入梯形的高
Text4	Text	""（空）	显示梯形的面积
Command1	Caption	计算	单击它计算出梯形面积
Command2	Caption	结束	单击它结束应用程序

【代码】

```
Private Sub Command1_Click()
    Dim a As Single, b As Single, h As Integer    '分别用来存放上底、下底和高
    Dim S As Single                               '存放面积
    a = Val(Text1.Text)                           '获得上底
    b = Val(Text2.Text)                           '获得下底
    h = Val(Text3.Text)                           '获得高
    S = (a + b) * h / 2                            '计算出面积
    Text4.Text = CStr(S)                          '显示面积
```

```
End Sub
Private Sub Command2_Click()
  End
End Sub
```

【运行程序】

启动程序后，在对应的文本框中输入梯形的上底、下底和高，然后单击"计算"按钮便在对应的文本框中显示出该梯形的面积。单击"结束"按钮退出应用程序。

【例2-3】求三角形面积。

输入三角形的三边边长，求三角形面积，程序设计界面如图2-5所示，程序运行界面如图2-6所示。程序运行时输入三角形三边，单击"计算"按钮，将计算三角形的面积并显示在文本框中。

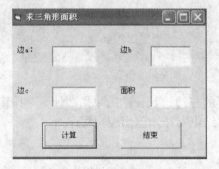
图2-5　程序设计界面

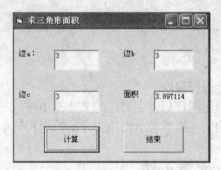
图2-6　程序运行界面

【分析】

已知三角形三边求面积，可以使用公式：$\sqrt{p(p-a)(p-b)(p-c)}$ ，其中，a、b、c 为三边边长，p 为三边和的一半。

注意：
　　由于还没有学习选择语句，所以没有对输入的三边进行判断能否构成三角形，要求输入的三边必须满足构成三角形的条件。

【界面设计】

本实例控件属性设置及控件描述如表2-11所示。

表2-11　控件属性设置及控件描述

对象名	属性名	设置值	对象描述
Text1	Text	""（空）	输入梯形的上底
Text2	Text	""（空）	输入梯形的下底
Text3	Text	""（空）	输入梯形的高
Text4	Text	""（空）	显示梯形的面积
Command1	Caption	计算	单击它计算出三角形面积
Command2	Caption	结束	单击它结束应用程序

【代码】

```
Private Sub Command1_Click()
    Dim a As Single, b As Single, c As Integer      '分别用来存放边a、边b和边c
    Dim p As Single                                  '存储三边和的一半
    Dim S As Single                                  '存放面积
    a = Val(Text1.Text)                              '获得边a
    b = Val(Text2.Text)                              '获得边b
    c = Val(Text3.Text)                              '获得边c
    p = (a + b + c) / 2                              '三边和一半
    S = Sqr(p * (p - a) * (p - b) * (p - c))         '计算出面积
    Text4.Text = CStr(S)                             '显示面积
End Sub
Private Sub Command2_Click()
    End
End Sub
```

【运行程序】

启动程序后，在对应的文本框中输入三角形的三边边长，然后单击"计算"按钮便在对应的文本框中显示出该三角形的面积。单击"结束"按钮退出应用程序。

2.7 本章小结

（1）介绍了编码规则、语句书写规则以及代码注释规则。

（2）介绍了简单的基本数据类型,主要包括：整型、浮点型、逻辑型、字符型等。

（3）介绍了常量和变量的概念、类型以及变量的命名规则等。

（4）介绍了几种常用的运算符和表达式，包括：算术运算符和算术表达式、字符串运算符和字符串表达式、逻辑运算符和逻辑表达式以及运算符之间的优先级等。

（5）介绍了几种常用的内部函数，包括：数学函数、字符串函数、类型转换函数、日期函数和随机函数等。

2.8 习题2

一、选择题

（1）函数int(Rnd*90)+10是在(　　　)范围内的整数。

    A. [0~100]   B. [10~100]   C. [10~99]   D. [0~99]

（2）17除以5余数的-2次方的VB表达式为(　　　)。

    A. (17/5)^-2   B. (17 Mod 5)^(-2)

    C. (17\5)^(-2)   D. 17 Mod 5 ^ (-2)

（3）将变量x四舍五入保留两位小数的表达式为(　　　)。

    A. (int(x*100)+0.5)/100   B. (int(x+0.5)*100)/100

　　C. int(x*100)/100+0.5　　　　　　　　D. (int(x*100+0.5))/100

（4）下面（　　）是算术运算符。

　　A. LIKE　　　　　　B. Xor　　　　　　C. Mod　　　　　　D. is

（5）下面（　　）是合法的单精度型变量。

　　A. Kum!　　　　　　B. sum%　　　　　C. mytm$　　　　　D. Km#

（6）已知A$= "abcdefghijklmn",则表达式Left$(A$,4)+Mid$(A$,4,2)的值为（　　）。

　　A. abcdef　　　　　B. abcdde　　　　　C. abccde　　　　　D. abcdefg

（7）赋值语句:a=123+MID（ "123456",3,2)执行后,a变量中的值是（　　）。

　　A. "1234"　　　　　B. 123　　　　　　C. 12334　　　　　D. 157

（8）下面（　　）是合法的变量名。

　　A. X,yzaa　　　　　B. 12中国3abc　　C. String　　　　　D. X_Y

（9）在一个语句内写多条语句时，每个语句之间用（　　）符号分隔。

　　A. ,　　　　　　　　B. :　　　　　　　C. \　　　　　　　D. ;

（10）执行以下程序后输出的是（　　）。

```
Private Sub Command1_Click()
  Ch$= "AABCDEFGH"
  Print Mid(Right(ch$,6),Len(left(ch$,4)),2)
End Sub
```

　　A. CDEFGH　　　　　B. ABCD　　　　　C. FG　　　　　　　D. AB

（11）执行以下程序段后，变量c$的值为（　　）。

```
a$= "Visual Basic Programing"
b$= "Quick"
c$=b$ & Ucase$(Mid$(a$,7,6) &  Right$(a$,11)
```

　　A. Visual BASIC Programing　　　　　B. Quick Basic Programing

　　C. QUICK Basic Programing　　　　　D. Quick BASIC Programing

（12）设a=3，b=5，则以下表达式值为真的是（　　）。

　　A. a>=b and b>10　　　　　　　　　B. (a>b) or (b>0)

　　C. (a>0) xor (b>0)　　　　　　　　D. (-3+5>a)，在>And (b>0)

二、填空题

（1）整数变量y中存放的是一个两位数，将这个两位数的个位和十位交换位置，例如25变换之后变成52，实现的表达式为＿＿＿＿＿＿＿＿＿＿＿＿＿＿＿＿＿＿＿。

（2）将算式$5 \times \dfrac{a-b}{1+\dfrac{c}{d-e}+f}$写成VB表达式为＿＿＿＿＿＿＿＿＿＿＿＿＿。

（3）表达式Len (Str (15.2)) mod 2的值为＿＿＿＿＿＿＿＿＿＿＿＿＿＿＿。

（4）表达式Len (Cstr (15.2)) mod 2的值为＿＿＿＿＿＿＿＿＿＿＿＿＿＿＿。

（5）将表达式 $(a+b)^{(x+y)}e^2\sin75°$写成VB表达式为＿＿＿＿＿＿＿＿＿＿＿＿＿。

（6）int（–2.5）、int（2.5）、fix（–2.5）、fix（2.5）的值分别为_____、_____、_____、_____。

（7）将下列的命题用VB布尔表达式表示：

①z比x、y都小_____。

②n是m的倍数_____。

③x、y中有一个大于z_____。

（8）表达式Ucase(Mid("xyzabc",2,3))的值为_____。

（9）在直角坐标系中，(x,y)是任意一点的坐标，用x和y表示在第二象限或第四象限的表达式为_____。

（10）表示x是5的倍数并且是6的倍数的逻辑表达式为_____。

三、编程题

（1）编写程序，单击命令按钮之后，在窗体上随机输出一个小写英文字母。

（提示：Chr(97)为小写的a，在窗体上输出使用 print方法就可以实现，输出小写字母a为：print chr(97) 便可以实现）

（2）编写一个程序，用来输入一个直角三角形的斜边和一个直角边的长度，输出该直角边对应的角的正弦值、余弦值和正切值。

（3）编写一个简单计算器的程序，程序的运行界面如图2-7所示。

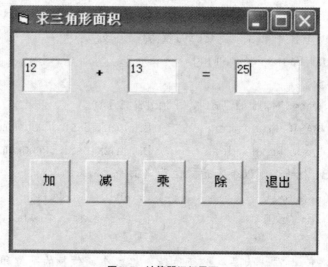

图2-7　计算器运行界面

第3章 结构化程序设计语句

本章主要介绍结构化程序设计语句，包括顺序结构、分支结构和循环结构三种。

本章要点

- 赋值语句的作用及其使用。
- If...Then...Else...End If语句的作用及其使用。
- If...Then...Else If...Else...End If语句的作用及其使用。
- Select Case语句的作用及其使用。
- While循环语句的作用及其使用。
- Do...Loop循环语句的作用及其使用。
- For...Next循环语句的作用及其使用。
- Eixt Do和Exit For语句的作用及其使用。

VB是面向对象的程序设计语言，采用的是面向对象的程序设计方法，在VB的程序设计中，具体到每个对象的事件过程或模块中的每个通用过程，还是要采用结构化程序设计方法，所以VB也是结构化的程序设计语言，每个过程的程序控制结构由顺序结构、选择结构和循环结构组成。顺序结构是指程序执行过程中程序流程不发生转移的程序结构。选择结构体现了程序的判断能力，在程序执行中能根据某些条件是否成立，确立某些语句是否执行，或者根据某个变量或表达式的取值，从若干条语句或语句组中选择一条或一组来执行。在程序设计中，通常某些程序段需要重复执行若干次，这样的程序结构称为循环结构，用计算机解决问题都必须通过循环，可以说没有循环就没有程序设计。

3.1 顺序结构

顺序结构程序的执行是从第一个可执行语句开始，一个语句接一个语句地依次执行，直到程序结束语句为止。注意顺序结构程序中的任何一个可执行语句，在程序运行过程中，都必须运行一次，而且也只能运行一次。这样的程序结构最简单、最直观、最易于理解。顺序执行是程序执行的基本规则，除了控制语句（如转向语句、循环语句、条件语句和暂停语句）外，其他的可执行语句都是顺序执行的语句。在进行顺序结构程序设计时，也要结合程序流程图，选择好程序的入口和出口语句，设计好各工作语句的前后顺序。顺序结构流程图如图3-1所示。在Visual Basic程序设计中，顺序结构是一类最简单的结构，这种结构的程序是按"从上到下"的顺序依次执行语句的，中间既没有跳转性的语句，也没有循环语句。在顺序程序设计中用到的典型语句是：赋值语句、输入输出语句以及其他计算语句，如加、减、乘、除算术运算等。

图3-1 顺序结构

3.1.1 赋值语句

赋值语句是用于给变量设置值、数组或对象的属性赋值的，用"="表示。

1）格式

Variable=表达式

2）功能

把"="右边表达式的值赋值给"="左边的变量或对象的属性。

其中：Variable可以是变量、数组或对象的属性。表达式可以是常量、变量或表达式，但必须有确定的值。例如：

 Dim a As String

 a="China"　　　　　'将"China"赋给字符型变量a

 Label1.Caption="你好，欢迎进入vb世界。" 　将"你好，欢迎进入vb世界。"赋给按钮的Caption属性

3）说明

赋值符两端的数据类型应该匹配，不匹配时，应进行转换。赋值语句先计算等号右边表达式的值，然后将计算出来的值赋值给等号左边的变量或属性。因此赋值语句具有计算和赋值的双重功能。例如：

a = 3 + 5*2

4）示例

下面介绍一个例子，以说明顺序结构程序设计的特点。

【例3-1】求一元二次方程$ax^2+bx+c=0$的根。

程序设计界面如图3-2所示，程序运行界面如图3-3所示。

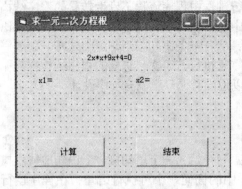

图3-2 程序设计界面　　　　　图3-3 程序运行界面

【分析】

求一元二次方程的根，用到根与系数公式：$x1= \dfrac{-b+\sqrt{b^2-4ac}}{2a}$、$x2= \dfrac{-b-\sqrt{b^2-4ac}}{2a}$

【界面设计】

界面中用到的控件以及属性设置如表3-1所示。

表3-1 控件以及属性设置

控件名称	属性名	属性值	控件描述
Label1	Caption	a*x*x+b*x+c=0	显示一元二次方程
Label2	Caption	x 1=	显示x1的值

控件名称	属性名	属性值	控件描述
Label3	Caption	x2=	显示x2的值
Command1	Caption	"计算"	单击按钮计算方程根
Command2	Caption	"结束"	单击按钮结束应用程序

【代码】

```
Private Sub Command1_Click()
Dim a, b, c As Single
    Dim D As Single
    Dim x1, x2 As Single
    a = 2
    b = 9
    c = 4
    D = b * b – 4 * a * c
    x1 = (–b + Sqr(D)) / (2 * a)
    x2 = (–b – Sqr(D)) / (2 * a)
    Label2.Caption = Label2.Caption & x1
    Label3.Caption = Label3.Caption & x2
End Sub
Private Sub Command2_Click()
    End                                      '结束应用程序
End Sub
```

【运行程序】

启动程序后,单击"计算"按钮,便在对应的标签上显示出x1和x2的值。单击"结束"按钮退出应用程序。

3.1.2 Print方法

Print是输出数据的一种重要方法。

1)格式

[对象名.]Print[表达式列表]

2)功能

在对象上输出表达式的值。

3)说明

(1)对象名,可以是Form(窗体)、Debug(立即窗口)、PictureBox(图片框)和Printer(打印机)。如果省略"对象名",则表示在当前窗体上输出。例如:

```
Print "12*2=";12*2          '在当前窗体上输出12*2=24
Picture.Print "VB"          '在图片框Picture上输出"VB"
Printer.Print "OK"          '在打印机上输出OK
```

(2)表达式列表:是一个或多个表达式,若省略此项,则输出一个空行。输出数据时，数值数据的前面有一个符号位，后面有一个空格，而字符串前后都没有空格。

当输出多个表达式，各表达式之间用分隔符"，"和"；"隔开。用"，"分隔各表达式时，各项在以14个字符位置为单位划分出的区段中输出，每个区段输出一项；用"；"分隔表达式时，各项按紧凑格式输出，即各项之间无间隔地连续输出。

如果在语句行末尾有"；"，则下一个Print输出的内容将紧跟在当前Print输出内容后面；如果在语句行末尾有"，"，则下一个Print输出的内容将在当前Print输出内容的下一区段输出；如果在语句行末尾无分隔符，则输出完本语句内容后换行，即在新的一行输出下一个Print的内容。

4）用Tab函数定位输出

在Print方法中，可以使用Tab函数对输出项进行定位。Tab函数格式为：

Tab(n)

其中，n为数值表达式，其值为整数。Tab函数把显示或打印到参数n指定的列数，并从此列开始输出数据。通常最左边的列号为1。如果当前显示或打印位置已经超过n，则自动下移，在下一行的第n列输出。要将输出的内容放在Tab函数的后面，并用"；"隔开。有多个输出项时，每个输出项对应一个Tab函数，各项之间均用"；"隔开。例如：

Print Tab(10);'姓名';Tab(25);'年龄'

则"姓名"和"年龄"分别从当前行的第10列和第25列开始输出。输出结果如下：

姓名　　　　年龄

5）用Spc函数定位输出

Print方法中，还可以使用Spc函数来对输出进行定位，与Tab函数不同，Spc函数提供若干个空格。Soc函数的格式为：

Spc(n)

其中，n为整数表达式，表示在显示或打印下一个表达式之前插入的空格数。Spc函数与输出项之间用"；"相隔。例如：

Print "后面有8个空格"；Spc(8);"前面有8个空格"

输出结果如下：

后面有8个空格　　　　前面有8个空格

3.1.3　InputBox输入框

InputBox函数生成输入框来接收用户的输入。

1）格式

InputBox (提示[, 标题][, 缺省值][, x坐标位置][, y坐标位置])

2）功能

生成一个能够接收用户输入的对话框，并返回用户在对话框中输入的信息。

下面例子利用InputBox函数显示一个输入框并且把字符串赋值给输入变量，输入框界面如图3-4所示。

Dim Input1 As　String

Input1 = InputBox（"输入名字"）

3）说明

（1）"提示"：字符串表达式，作为消息显示在对话框中。提示的最大长度大约是1024 个字符，这取决于所使用的字符的宽度。如果提示中包含多个行，则可在各行之间

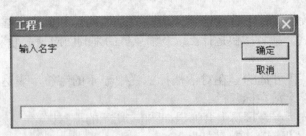

图3-4 InputBox输入框

用回车符 (Chr(13))、换行符 (Chr(10)) 或回车换行符的组合 (Chr(13) & Chr(10)) 以分隔各行。

（2）"标题"：显示在对话框标题栏中的字符串表达式。如果省略标题，则应用程序的名称将显示在标题栏中。

（3）"缺省值"：显示在文本框中的字符串表达式，在没有其他输入时作为默认的响应值。如果省略缺省值，则文本框为空。

（4）"x坐标位置"：数值表达式，用于指定对话框的左边缘与屏幕左边缘的水平距离（单位为缇）。如果省略x坐标位置，则对话框会在水平方向居中。

（5）"y坐标位置"：数值表达式，用于指定对话框的上边缘与屏幕上边缘的垂直距离（单位为缇）。如果省略"y坐标位置"，则对话框显示在屏幕垂直方向距下边缘大约三分之一处。

> 注意：
> 　　各项参数必须一一对应，除了"提示"不能省略外，其余各项均可省略，但省略部分通常需要加入相应的逗号占位符。例如：
> InputBox ("输入名字",,,200,200)
> 　　如果不指定输入框出项的位置则应为：
> InputBox ("输入名字")
> 　　上述两条语句，执行时都会弹出同样的输入框，只是在屏幕上出现的位置不同。
> 　　如果用户单击确定或按下"确定"按钮，则 InputBox函数返回文本框中的内容,其类型为字符型。如果用户单击"取消"按钮，则函数返回一个零长度字符串 ("")。

3.1.4 MsgBox消息框

MsgBox函数可生成为用户提供信息和选择的交互式对话框。

1）格式

MsgBox(提示[, 按钮数值] [, 标题])

2）功能

MsgBox函数在对话框中显示消息，等待用户单击按钮，并返回一个Integer类型的数值以表明用户单击哪一个按钮。

3）说明

（1）"提示"：必需的。字符串表达式，作为显示在对话框中的消息。"提示"的最大长度大约为 1024 个字符，由所用字符的宽度决定。如果"提示"的内容超过一行，则可以在每一行之间用回车符 (Chr(13))、换行符 (Chr(10)) 或是回车与换行符的组合 (Chr(13) & Chr(10)) 将各行分隔开来。

（2）"按钮数值"：可选的。数值表达式是值的总和，指定显示按钮的数目及形式、使用的图标样式、缺省按钮是什么以及消息框的强制回应等。如果省略，则"按钮数值"的缺省值为0。

（3）"标题"：可选的。在对话框标题栏中显示的字符串表达式。如果省略"标题"，则将应用程序名放在标题栏中。

执行下面的语句后，在屏幕上会弹出如图3-5所示的消息框。

inta = MsgBox（"提示",65，"标题"）

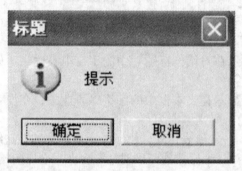

图3-5　MsgBox消息框

第二项"按钮数值"稍微有点复杂，下面对"按钮数值"作详细的解释。

"按钮数值"用来指定按钮的数目和类型，使用的图标样式及缺省按钮是什么等，其缺省值是0。本例"按钮数值"是65，其含义是：消息框中有"i"图标，以及"确定"和"取消"两个按钮，缺省按钮是"确定"。

计算"按钮数值"的方法："按钮数值"是3个数值之和。

"按钮数值" = "按钮数目和类型" + "图标样式" + "缺省按钮"

表3-2、表3-3、表3-4分别列出了这3个数值的含义。

表3-2　按钮的类型及其对应的值

符号常数	值	说明
VbOKOnly	0	只显示"确定"按钮
VbOKCancel	1	显示"确定"及"取消"按钮
VbAbortRetryIgnore	2	显示"放弃、重试"及"忽略"按钮
VbYesNoCancel	3	显示"是、否"及"取消"按钮
VbYesNo	4	显示"是"及"否"按钮
VbRetryCancel	5	显示"重试"及"取消"按钮

表3-3　图标的样式及其对应的值

符号常数	值	说明
VbCritical	16	显示"X"图标
VbQuestion	32	显示"？"图标
VbExclamation	48	显示"！"图标
VbInformation	64	显示"i"图标

表3-4　缺省按钮及其所对应的值

符号常数	值	说明
VbDefaultButton1	0	第一个按钮是缺省值
VbDefaultButton2	256	第二个按钮是缺省值
VbDefaultButton3	512	第三个按钮是缺省值

注意:

　　每个表只能取一个数。例如"按钮数值"是65，系统会自动把它分解成分别属于上面3个表的3个值1（显示确定和取消按钮）、64（显示"i"图标）、0（第一个按钮为默认按钮），即65 = 1 + 64 + 0，这种分解是唯一的。

　　在程序中，可以把"按钮数值"写成符号常量现价的形式，如把65写成VbOKCancel + VbInformation + VbDefaultButton1，这样可以使得程序含义清楚，从而增加程序的可读性。

　　在程序中，会根据用户单击消息框中不同的按钮来执行相应的操作。程序通过MsgBox函数的返回值来得知用户单击的是哪个按钮。当用户单击消息框中的一个按钮后，消息框从屏幕上消失，但会把函数的返回值赋值给相应的变量，程序再根据此变量值的不同作相应的处理。如在上述举例的语句中，将函数的返回值赋给了变量inta，在程序中可根据inta值的不同作不同的处理。单击不同按钮所返回的数值详见表3-5。

表3-5　MsgBox函数的返回值

符号常数	值	用户单击的按钮
VbOK	1	确定
VbCancel	2	取消
VbAbort	3	放弃
VbRetry	4	重试
VbIgnore	5	忽略
VbYes	6	是
VbNo	7	否

　　为了省略某些位置参数，必须加入相应的逗号分界符。例如:

MsgBox（"提示"，"标题"）

　　"按钮数值"，该项参数采用的是系统默认值0。

3.1.5　Cls语句

清除运行时 Form 或 PictureBox 所生成的图形和文本。

1）格式

object.Cls

object 所在处代表一个对象表达式，其值为"应用于"列表中的一个对象。如果省略 object，则带有焦点的 Form 就被认为是 object。

2）功能

清除窗体（Form）或图片框（PictureBox）中由Print方法显示的文本和图形方法所生成的图形，并把输出位置移到对象的左上角。

3）说明

Cls将清除图形和打印语句在运行时所产生的文本和图形，而设计时在 Form 中使用 Picture 属性设置的背景位图和放置的控件不受Cls影响，用Cls语句清除后的区域以背景色填充。调用之后，object 的 CurrentX 和 CurrentY 属性复位为 0。

3.1.6　End语句

1）格式

End

2）功能

用来结束程序的执行，并关闭已打开的文件。

3）说明

End语句提供了一种关闭程序的方法。执行此语句，会卸载程序中的所有窗体，关闭由Open语句打开的文件，释放程序所占用的内存。

4）示例

本示例使用 End 语句，在用户输入错误密码时结束代码执行。

```
Sub Form_Load( )
    Dim Password, Pword
    PassWord = "Swordfish"
    Pword = InputBox("Type in your password")
    If Pword <> PassWord Then      '选择结构满足条件执行then之后语句
    MsgBox "Sorry, incorrect password"
       End
    End If
End Sub
```

注意：

　　load事件是窗体被加载之后自动触发的窗体事件，一般在该事件中添加一些变量初始化之类的代码。

3.2　选择结构语句

选择结构就是在程序运行中对程序的走向进行选择，以便决定执行哪一种操作。进行选择和控制要有专门的语句。最常用的就是IF（条件）语句和CASE（选择）语句。特点是：根据给定的条件成立（True）或不成立（False），来决定从各实际可能不同分支中执行某一分支的相应操作（语句块），并且任何情况下总有"无论条件多寡，必择其一；虽然条件众多，仅选其一"的特征。这两个语句都是功能强、格式明确的结构语句，都能进行各种嵌套使用。在学习和使用选择结构时要注意If语句的多变形式及多重嵌套。这也是初学者最易出差错的地方。

3.2.1 If条件语句

If语句是实现分支结构的重要语句，通过它可以实现单分支、双重分支和多分支选择结构。

1）单分支选择语句

（1）格式：

If 条件 Then

　　语句块

End If

（2）功能：

当程序执行到块If语句时，首先判断"条件"，当条件满足时，执行语句块，如果条件不满足时，程序会顺序执行End If之后的语句。

（3）说明：

① 语句的执行过程如图3-6所示。该选择结构只对条件成立时的情况进行处理。

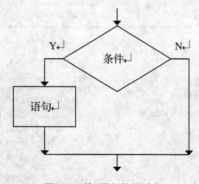

图3-6 块If语句执行过程

② 条件：一般为关系表达式或逻辑表达式，也可以是算术表达式，其值按非零为真，零为假进行判断。

（4）示例：

【例3-2】求两个数中最大值。

本示例是求两个变量中较大值，将较大值放在Number1变量中，并输出较大值。程序设计界面如图3-7所示，运行界面如图3-8所示。

【分析】

通过文本框输入两个数，然后比较它们之间的大小关系，通过If语句来判断，当满足条件时，将两个数字进行交换，实现求最大值的目的。

【界面设计】

界面中包含的控件以及属性设置如表3-6所示。

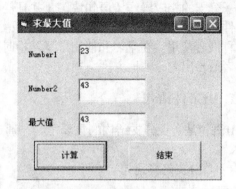

图3-7 程序设计界面   图3-8 程序运行界面

表3-6 控件以及属性设置

控件名称	属性名	属性值	控件描述
Text1	Text	""	输入Number1的值
Text2	Text	""	输入Number2的值
Text3	Text	""	输出最大值
Command1	Caption	"计算"	单击按钮求最大值
Command2	Caption	"结束"	单击按钮结束应用程序

【代码】

```
Private Sub Command1_Click()
    Dim Number1, Number2, temp As Integer              '声明变量
    Number1 = Val(Text1.Text)                          '获取文本框1的值
    Number2 = Val(Text2.Text)                          '获取文本框2的值
    If Number1 < Number2 Then                          '若判断条件为 True
        temp = Number1: Number1 = Number2: Number2 = temp '交换两个变量的值
    End If
    Text3.Text = Number1
End Sub
Private Sub Command2_Click()
    End                                                '结束应用程序
End Sub
Private Sub Form_Load()
    Text1.Text = ""                                    '清空文本框的内容
    Text2.Text = ""
    Text3.Text = ""
End Sub
```

【运行程序】

启动程序后，在文本框1中输入任意一个整数，在文框2中输入一个整数，然后单击"计算"按钮，便在文本框3中显示出两个整数中较大的那个。单击"结束"按钮退出应

用程序。

2）双分支选择结构

（1）格式：

If 条件 Then

　　语句块1

Else

　　语句块2

End If

（2）功能：

当程序执行到块If语句时，首先判断"条件"，当条件满足时，执行语句块1，如果条件不满足时，执行语句块2，在执行完语句块1或语句块2后，程序会顺序执行End If之后的语句。

（3）说明：

语句的执行过程如图3-9所示。

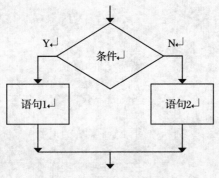

图3-9　If语句块执行过程

（4）示例：

【例3-3】判断一个数的符号。

本示例是判断一个变量的符号，如果变量是负数，对应符号变量取负号，否则取正号，并将符号输出。程序的设计界面如图3-10所示，程序的运行界面如图3-11所示。

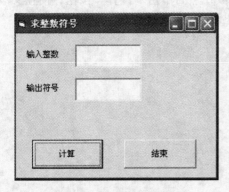

图3-10　程序的设计界面

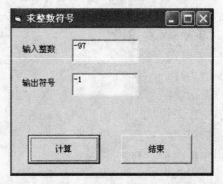

图3-11　程序的运行界面

【分析】

通过文本框1输入一个整数，然后使用If语句进行判断，判断的条件是该数是否小于零，如果成立，那么符号为负号，否则符号为正号，最后在文本2中显示符号变量的值。

【界面设计】

界面中包含的控件以及属性设置如表3-7所示。

表3-7　控件以及属性设置

控件名称	属性名	属性值	控件描述
Text1	Text	""	输入需要判断的整数
Text2	Text	""	输出符号变量的值
Command1	Caption	"计算"	单击按钮判断符号
Command2	Caption	"结束"	单击按钮结束应用程序

【代码】

```
Private Sub Command1_Click()
    Dim Number, Signal As Integer
    Number = Val(Text1.Text)              ' 设置变量初始值
    If Number < 0 Then                    ' 判断条件是否为 True
        Signal = -1                       '当number小于零时，为负号
    Else
        Signal = 1                        '不小于零时，为正号
    End If
    Text2.Text = Str(Signal)              '在文本框中输出符号
End Sub
Private Sub Command2_Click()
    End                                   '结束应用程序
End Sub
```

【运行程序】

启动程序后，在文本框1中输入任意一个整数，然后单击"计算"按钮，便在文本框2中显示出该整数对应的符号。单击"结束"按钮退出应用程序。

3）多分支选择结构

（1）格式：

If条件1 Then

　　语句块1

Else If 条件2 Then

　　语句块2

Else If 条件3 Then

　　语句块3

　　⋮

Else

语句块n

End If

（2）功能：

如果"条件1"为True，则执行"语句块1"，否则如果"条件2"为True，则执行"语句块2"……否则执行"语句块n"。

（3）说明：

① 语句的执行过程如图3-12所示。

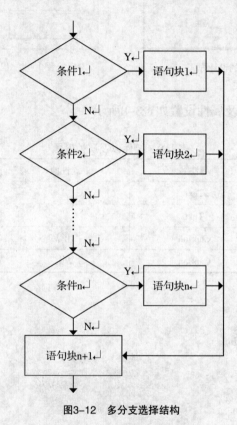

图3-12　多分支选择结构

② 不管有几个ElseIf子语句，程序执行完一个语句块后，其余ElseIf子语句不再执行。

③ 当多个ElseIf子语句中的条件都成立时，只执行第一个条件成立的子语句中的语句块，因此，在使用ElseIf语句时，要特别注意各判断条件的先后顺序。

（4）示例：

【例3-4】求分数等级。

程序要求输入一个学生的考试成绩，输出其分数所对应的等级。共分为5个等级：小于60分为"E"；60~69分为"D"；70~79分为"C"；80~89分为"B"；90分以上为"A"。程序的设计界面如图3-13所示，程序的运行界面如图3-14所示。

【分析】

通过文本框1输入一个分数，然后使用多分支If语句进行判断，根据事先分的5个等级依次进行判断，得到对应的等级，最后在文本2中显示分数对应的等级。

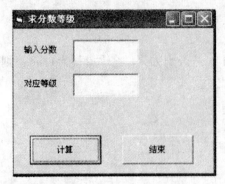
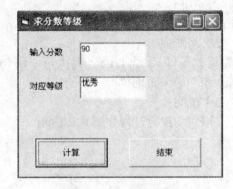

图3-13　程序的设计界面　　　　　　　图3-14　程序的运行界面

【界面设计】

界面中包含的控件以及属性设置如表3-8所示。

表3-8　控件以及属性设置

控件名称	属性名	属性值	控件描述
Text1	Text	""	输入分数
Text2	Text	""	输出对应的等级
Command1	Caption	"计算"	单击按钮判断等级
Command2	Caption	"结束"	单击按钮结束应用程序

【代码】

```
Private Sub Command1_Click()
    Dim cj As Single              '存放输入的成绩
    Dim dj As String              '存放等级
    cj = Val(Text1.Text)          '获取成绩
    If cj > 100 Or cj < 0 Then    '输入不正确
        dj = "输入不正确"
    ElseIf cj >= 90 Then          '优秀
        dj = "优秀"
    ElseIf cj >= 80 Then          '良好
        dj = "良好"
    ElseIf cj >= 70 Then          '中等
        dj = "中等"
    ElseIf cj >= 60 Then          '及格
        dj = "及格"
    Else
        dj = "不及格"             '不及格
    End If
    Text2.Text = dj               '显示学生的等级
End Sub
Private Sub Command2_Click()
```

```
End                              '结束应用程序
End Sub
```

【运行程序】

启动程序后，在文本框1中输入任意一个整数，然后单击"计算"按钮便在文本框2中显示出该整数对应的符号。单击"结束"按钮退出应用程序。

4）行If语句

（1）格式：

If 条件 Then 语句1 [Else 语句2]

（2）功能：

当条件满足时，执行语句1；条件不满足时，执行语句2。

（3）说明：

① 语句1、2一般为一条语句，需用多条语句时，语句间必须用冒号隔开。

② 中括号"[ ]"部分的内容可以省略。

③ 行If语句只占用一行，并省略了"EndIf"的书写。

（4）示例：

```
Dim Number1, Number2 ， max As Integer
Number1 = 25   ' 设置变量初始值
Number2 = 50
max = Number1
If max < Number2 Then  max = Number2
Print "最大值是：";max
```

3.2.2 Select Case语句

在VB中，多分支结构程序可通过Select Case语句或Case语句来实现，它根据一个表达式的值，在一组相互独立的可选语句序列中挑选要执行的语句序列。在Select Case语句中，有很多Case子语句，它是多分支条件语句的一种变形。

1）格式

```
Select Case 测试表达式
Case    表达式表列1
   [语句块1]
[Case表达式表列2
   [语句块2]]
......
[Case Else
   [语句块n]]
End Select
```

2）功能

情况语句以Select Case开头，以End Case结束，根据"测试表达式"的值，从多个语句块中选择符合条件的一个语句块执行，执行过程如图3-15。

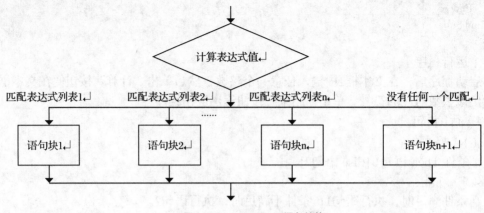

图3-15 Select Case语句结构

3）说明

（1）情况语句中含有多个参量，其含义分别为：

① 测试表达式：可以是数值表达式或字符串表达式，通常为变量或常量。

② 语句块1、语句块2……每个语句块由一行或多行合法的Visual Basic语句组成。

③ 表达式表列1、表达式表列2……称为域值，可以是下列形式之一：

a. 表达式[，表达式]……

例如：

Case 2,4,6,8

b. 表达式 To 表达式。

例如：

Case 1 To 5

c. Is关系运算表达式，使用的运算符包括：

< <= > >=   <>=

例如：

Case Is=12

"表达式表列"中的表达式必须与测试表达式的类型相同。

（2）情况语句的执行过程是：先对"测试表达式"求值，然后测试该值与哪一个Case子句中的"表达式表列"相匹配。如果找到了，则执行与该Case语句有关的语句块，并把控制转移到End Select后面的语句；如果没有找到，则执行与Case Else子句有关的语句块，然后把控制转移到End Select后面的语句。例如：

```
Sub Form_Click ()
    var = InputBox（"输入数据"）
    Select Case var
    Case 1
        text1.Text ="1"
    Case 2
        text1.Text ="2"
    Case 3
        text1.Text ="3"
```

```
    Case Else
        text1.Text ="Good bye"
    End Select
End Sub
```

（3）使用"表达式表列"时应注意以下几点：

① 关键字To用来指定一个范围，因此必须把较小的值写在前面，较大的值写在后面。

例如：

Case –5 To –1

② 如果使用关键字Is，则只能用关系运算符。例如：

Case Is<5

（4）Select Case语句与If...Then...Else语句块的功能类似，一般可使用块形式条件语句的地方，也可使用Select Case语句。

Select Case语句和块形式的If...Then...Else语句的主要区别是：Select Case语句只对单个表达式求值，并根据求值结果执行不同的语句块；而If形式的条件语句可对不同的表达式求值，因而效率较高。

（5）如果同一个域值的范围在多个Case子句中出现，则只执行符合要求的第一个Case子句的语句块。

（6）Case Else子句必须放在所有的Case子句之后。如果在Select Case结构中的任何一个Case子句都没有与测试表达式相匹配的值，而且也没有Case Else子句，则不执行任何操作。

4）示例

【例3-5】求分数等级。

本例采用Case语句实现求分数等级，程序的设计界面如图3-16所示，程序的运行界面如图3-17所示。

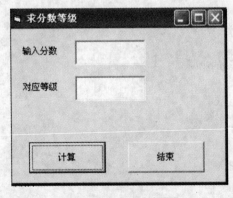

图3-16　程序的设计界面

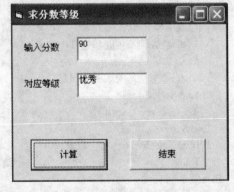

图3-17　程序的运行界面

【分析】

通过文本框1输入一个分数，然后使用Case语句进行判断，根据事先分的5个等级依次进行判断，得到对应的等级，最后在文本2中显示分数对应的等级。

【界面设计】

界面中包含的控件以及属性设置如表3-9所示。

表3-9　控件以及属性设置

控件名称	属性名	属性值	控件描述
Text1	Text	""	输入分数
Text2	Text	""	输出对应的等级
Command1	Caption	"计算"	单击按钮判断等级
Command2	Caption	"结束"	单击按钮结束应用程序

【代码】

```
Private Sub Command1_Click()
    Dim cj As Single                    '存放输入的成绩
    Dim dj As String                    '存放等级
    Dim Temp As Integer
    cj = Val(Text1.Text)                '获取成绩
    Temp = cj \ 10                      '成绩的个位去掉，变成0~10之间的数
    Select Case Temp
        Case 9, 10                      '优秀
            dj = "优秀"
        Case 8                          '良好
            dj = "良好"
        Case 7                          '中等
            dj = "中等"
        Case 6                          '及格
            dj = "及格"
        Case 0 To 5                     '不及格
            dj = "不及格"
        Case Is > 10                    '输入的数过大
            dj = "成绩不可能超过100分"
        Case Else                       '输入了小于0的成绩
            dj = "您输入的成绩为负数"
    End Select
    Text2.Text = CStr(dj)               '显示成绩的等级
End Sub
Private Sub Command2_Click()
    End                                 '结束应用程序
End Sub
```

【运行程序】

启动程序后，在文本框1中输入任意一个整数，然后单击"计算"按钮，便在文本框2中显示出该整数对应的符号。单击"结束"按钮退出应用程序。

3.3 循环结构语句

循环结构常用来解决需要反复进行相同处理的问题。循环结构中，可以在指定的条件下重复执行一组语句。

循环结构也有多种形式。无论是DO－LOOP循环或者FOR－NEXT循环，都是复合语句的形式，都有自己的控制条件和判别方式。无论使用哪一种循环，都要注意开头与结束语句之间的匹配。每种循环都有各自的循环开始语句和结束循环语句。同时也有相应的EXIT语句可以随时退出循环。

本节要讲解For循环和While循环分别属于不同的循环语句类型，通常情况下：

■ For循环是计数型的循环语句，用于控制循环次数预知的循环结构。

■ While循环是条件型循环语句，用于控制循环次数未知的循环结构。

3.3.1 For Next语句

1）格式

For 循环变量=初值 To 终值 [Step 步长值]

<循环体语句>

Next [循环变量]

2）功能

该语句的执行过程如下：首先把"初值"赋值给"循环变量"，并自动记下终值和步长；再用"循环变量"的值与"终值"比较，如果循环变量没有超过"终值"，则执行"循环体"；然后执行循环终结语句Next，将"循环变量"的值加上"步长"的值，步长又称增量，再判断"循环变量"的值是否超过"终值"，如果没有超过"终值"，继续执行循环体，重复上述过程，直到"循环变量"超过"终值"，才结束循环，然后接着执行Next的下一个语句，该语句执行过程如图3-18所示。

3）说明

（1）循环变量、初值、终值和步长均是一个数值型变量。如果步长为1，可以省略。

（2）终止循环的条件是循环变量的值"超过"

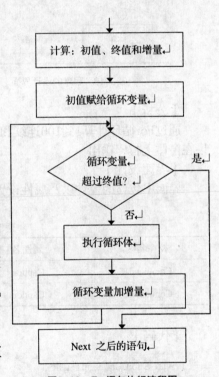

图3-18 For语句执行流程图

终值，而不是等于、大于或小于。所谓"超过"是指在变化方向上越过，若"步长"是正值，则"超过"的含义是大于，若"步长"是负值，则"超过"的含义是小于。

（3）循环次数的计算公式如下：

$$循环次数 = \frac{循环终值 - 循环初值}{步长} + 1$$

（4）初值、终值、步长均可以是正值、负值或零，也可以是整数或小数。当步长为负时，循环变量的值必须小于终值，循环才能终止。

（5）如果初值、终值和步长是变量，在循环体中对其修改不影响原来循环次数，因为在进入循环之前，首先计算初值、终值和步长，进入循环体之后，这些变量的值对初值、终值和步长的值没有影响。

4）示例

【例3-6】求1到100连续和。

本例采用For循环语句实现求1到100连续和，程序的设计界面如图3-19所示，程序的运行界面如图3-20所示。

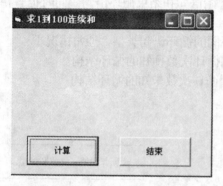

图3-19　程序的设计界面

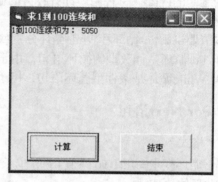

图3-20　程序的运行界面

【分析】

通过For循环计算1到100连续和，一次加上一个数字，共计循环100次，最后将求和结果在窗体上打印输出。

【界面设计】

界面中包含的控件以及属性设置如表3-10所示。

表3-10　控件以及属性设置

控件名称	属性名	属性值	控件描述
Command1	Caption	"计算"	单击按钮计算连续和
Command2	Caption	"结束"	单击按钮结束应用程序

【代码】

```
Private Sub Command1_Click()
    Dim i As Integer              '循环变量
    Dim sum As Integer '存放总和
    sum = 0                       '将总和赋初值
    For i = 1 To 100
        sum = sum + i             '每次循环加上一项
    Next i
    Print "1到100连续和为："; sum '显示求和结果
End Sub
Private Sub Command2_Click()
    End                           '结束应用程序
End Sub
```

【运行程序】

启动程序后，单击"计算"按钮，便在窗体上输出求和结果。单击"结束"按钮退出应用程序。

3.3.2 Do While …Loop 语句

Do While语句实现的循环是当型循环，该类循环先测试循环条件，然后根据循环条件是否成立来决定是否执行循环体，语句的格式和功能如下。

1）格式

Do While <条件>

    <循环体>

Loop

2）功能

首先判断While语句后面的"条件"，如果条件为真，则执行循环体，然后再次判断While语句后面的条件，重复上述过程。当条件为假时，将退出循环，转入下一语句去执行。执行流程如图3-21所示。

3）说明

（1）通常进入循环时，While后面的条件为真，但循环最终都要退出，因此在循环体中应有使循环趋于结束的语句，即能够使条件由真变为假的语句。

（2）由于先判断条件，也许第一次测试条件时，条件就为假，在这种情况下循环体将一次也不执行，因此当型循环又称"允许0次循环"。

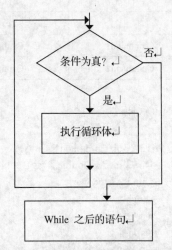

图3-21 Do While… Loop语句执行流程

（3）While后面的条件可以是关系表达式或逻辑表达式。

4）示例

【例3-7】求e的值。

本例利用下列公式计算e的值（精度要求达到10^{-6}），程序的设计界面如图3-22所示，程序的运行界面如图3-23所示。

$$e= 1 + \frac{1}{1!} + \frac{1}{2!} + \frac{1}{3!} + \cdots + \frac{1}{n!}$$

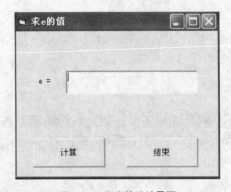

图3-22 程序的设计界面

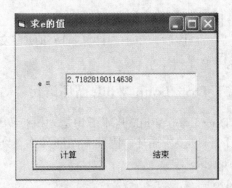

图3-23 程序的运行界面

【分析】

本例属于累加求和的题目，对于这类题目，关键要解决两个问题：一是如何得到每一个数据项T，二是如何控制循环条件。本例中通过观察公式可知，后一项总是可以用前一项来表示的，即第i项可以通过第i-1项除以i得到；本例循环条件可以通过精度要求得到，即数据项的值精度要求进行比较，小于精度要求便退出循环。

【界面设计】

界面中包含的控件以及属性设置如表3-11所示。

表3-11　控件以及属性设置

控件名称	属性名	属性值	控件描述
Text1	Text	""	显示e的值
Command1	Caption	"计算"	单击按钮计算e的值
Command2	Caption	"结束"	单击按钮结束应用程序

【代码】

```
Private Sub Command1_Click()
    Dim sum As Double, t As Double
    Dim i As Integer                      'sum代表和，i代表加到了第几项，t代表加到的项的值
    sum = 1                               '和赋初值为第一项的值
    i = 1
    t = 1
    Do While (t >= 0.000001)              '循环的结束条件为加到的那一项的值小于1.0e⁻⁶
        t = t / i                         '求第i项的值放在t中(从第二项开始算)
        sum = sum + t                     '把该项的值加到和sum中
        i = i + 1                         'i的值加1准备加下一项
    Loop
    Text1.Text = CStr(sum)                '输出结果
End Sub
Private Sub Command2_Click()
    End                                   '结束应用程序
End Sub
```

【运行程序】

启动程序后，单击"计算"按钮便在文本框中输出求和结果。单击"结束"按钮退出应用程序。

3.3.3　Do…Loop While循环语句

Do…Loop While循环语句是先执行循环体，然后判断条件，如果条件满足（条件为真）时，则接着循环，因此本循环又称直到型循环，该语句的格式和功能如下。

1）格式

Do

　　<循环体>

Loop While <条件>

2）功能

先执行循环体，再判断"条件"的值，如果"条件"为真则重复执行"循环体"，直到某一次判断"条件"其值为假时，终止循环。该语句的执行流程如图3-24所示。

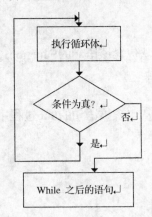

3-24 Do…Loop While语句执行流程

3）说明

无论"条件"的值是真还是假，"循环体"至少执行一次。

4）示例

上面的例子也可以通过do while … loop 循环语句实现。

```
Private Sub Command1_Click()
    Dim sum As Double, t As Double
    Dim i As Integer                      'sum代表和，i代表加到了第几项，t代表加到的项的值
    sum = 1                               '和赋初值为第一项的值
    i = 1
    t = 1
    Do
        t = t / i                         '求第i项的值放在t中(从第二项开始算)
        sum = sum + t                     '把该项的值加到和sum中
        i = i + 1                         'i的值加1准备加下一项
    Loop While (t >= 0.000001)            '循环的结束条件为加到的那一项的值小于1.0e⁻⁶
    Text1.Text = CStr(sum)                '输出结果
End Sub
```

3.3.4 Exit 语句

Exit语句用于退出Do…Loop、For…Next、Function或Sub代码块。对应的使用格式为Exit Do、Exit For、Exit Function、Exit Sub。

1）Exit Do

提供一种退出Do…Loop循环的方法，并且只能在Do…Loop循环中使用。Exit Do会将控制权转移到Loop语句之后的语句。当Exit Do用在嵌套的Do…Loop循环中时，Exit Do会

将控制权转移到Exit Do所在的位置的外层循环。

2）Exit For

提供一种退出For循环的方法，并只能在For…Next循环中使用。Exit For会将控制权转移到Next之后的语句。当Exit For用于嵌套的For循环中时，Exit For将控制权转移到Exit For所在位置的外层循环。

3）Exit Function

执行到该语句时，程序立即从包含该语句的Function过程中退出，转回到调用Function过程的语句之后的语句继续执行。

4）Exit Sub

执行到该语句时，程序立即从包含该语句的Sub过程中退出，转回到调用Sub过程的语句之后的语句继续执行。

3.4 应用实例

【例3-8】商场购物打折程序。

某商场按照购买货物的款数多少分别给予不同的优惠打折，具体折扣情况如下：

购物不足1000元，没有折扣；

购物满1000元，不足2000元，减价5%；

购物满2000元，不足5000元，减价10%；

购物满5000元，不足10000元，减价15%；

购物满10000元以上，减价20%。

请编写一个程序，用来根据输入的购物款计算出应付款。程序的设计界面如图3-25所示，程序的运行界面如图3-26所示。

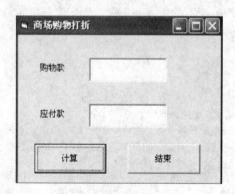

图3-25 程序的设计界面

图3-26 程序的运行界面

【分析】

本例属于多分支选择题目，在文本框中得到购物款之后，根据题目给出的折扣条件，利用多分支选择语句确定具体折扣的值，最后通过购物款和折扣情况算出应付款。

【界面设计】

界面中包含的控件以及属性设置如表3-12所示。

表3-12 控件以及属性设置

控件名称	属性名	属性值	控件描述
Text1	Text	""	输入购物款
Text2	Text	""	显示应付款
Command1	Caption	"计算"	单击按钮计算应付款
Command2	Caption	"结束"	单击按钮结束应用程序

【代码】

```
Private Sub Command1_Click()
    Dim m As Single, d As Single, Amount As Single
                                            'm是购物款，d是折扣，Amount是应付款
    m = Val(Text1.Text)                     '获取输入的购物款
    If m < 1000 Then                        '算出折扣数
      d = 0
    ElseIf m < 2000 Then
      d = 0.05
    ElseIf m < 5000 Then
      d = 0.1
    ElseIf m < 10000 Then
      d = 0.15
    Else
      d = 0.2
    End If
    Amount = m * (1 – d)                    '算出应付款
    Text2.Text = CStr(Amount)               '显示应付款
End Sub
Private Sub Command2_Click()
    End                                     '结束应用程序
End Sub
```

【运行程序】

启动程序后，在文本框1中输入购物款，然后单击"计算"按钮便在文本框2中显示应付款，单击"结束"按钮退出应用程序。

【思考】

同学们思考，程序在实际应用中是否会出现问题？提示：大家可以在临界点附近输入两个购物款之后，比较应付款多少。例如输入购物款4900和5100之后，进行比较。如果存在问题，如何改进？

【例3-9】判断一个数是否是素数。

输入一个整数，如果该数是素数则显示"是素数"，如果不是素数则显示"不是素数"。程序的设计界面如图3-27所示，程序的运行界面如图3-28所示。

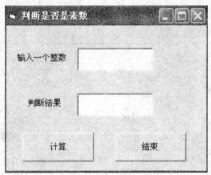
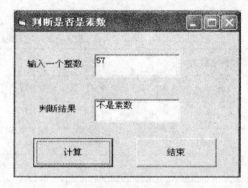

图3-27　程序的设计界面　　　　　　　图3-28　程序的运行界面

【分析】

本例属于循环类型题目，所谓素数是指只能被1和其本身整除的数。换句话说。如果N是一个素数，则它不能被2~（N-1）之间的任何一个数整除，因此我们可以用N依次除以2~（N-1）之间的每一个数，如果有一个能够整除N，则N不是素数，后面的数也不用除了，提前退出循环，如果没有一个能够整除N的，则N是素数。

【界面设计】

界面中包含的控件以及属性设置如表3-13所示。

表3-13　控件以及属性设置

控件名称	属性名	属性值	控件描述
Text1	Text	""	输入需要判断的整数
Text2	Text	""	显示判断的结果
Command1	Caption	"计算"	单击按钮进行判断
Command2	Caption	"结束"	单击按钮结束应用程序

【代码】

```
Private Sub Command1_Click()
    Dim x, i As Integer
    x = Val(Text1.Text)                    '输入的数
    For i = 2 To x -1                      'x被2~（x-1）之间的每个数除
        If x Mod i = 0 Then Exit For       '如果有一个数能够整除，则退出循环
    Next
    If i = x Then
        Text2.Text = "是素数"               '退出循环后，若i的值与x值相同，则x是素数
    Else
        Text2.Text = "不是素数"             '否则不是素数
    End If
End Sub
Private Sub Command2_Click()
    End                                    '结束应用程序
End Sub
```

【运行程序】

启动程序后，在文本框1中输入一个需要判断的整数，然后单击"计算"按钮便在文本框2中显示判断的结果。单击"结束"按钮退出应用程序。

【思考】

请同学们思考，该算法是否可以改进？提示：是否一定需要判断到x-1，判断到$\sqrt{x}$是否就可以了？

【例3-10】求最大公约数和最小公倍数。

输入两个自然数，计算这两个数的最大公约数和最小公倍数。程序的设计界面如图3-29所示，程序的运行界面如图3-30所示。

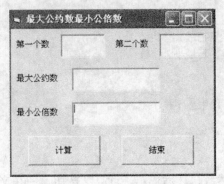

图3-29 程序的设计界面

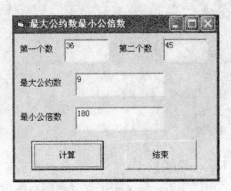

图3-30 程序的运行界面

【分析】

假设m和n都是大于零的整数，并且m大于n（如果m小于n，则把m和n互换），利用辗转相除法求出最大公约数和最小公倍数。

【界面设计】

界面中包含的控件以及属性设置如表3-14所示。

表3-14 控件以及属性设置

控件名称	属性名	属性值	控件描述
Text1	Text	""	输入第一个自然数
Text2	Text	""	输入第二个自然数
Text3	Text	""	输出最大公约数
Text4	Text	""	输出最小公倍数
Command1	Caption	"计算"	单击按钮计算
Command2	Caption	"结束"	单击按钮结束应用程序

【代码】

```
Private Sub Command1_Click()
    Dim m As Long, n As Long, r As Long, t As Long
    Dim mm As Long, nn As Long
    m = Val(Text1.Text)                        获得第一个自然数
```

```
    n = Val(Text2.Text)                      '获得第二个自然数
    If m <= 0 Or n <= 0 Then                 '输入数据错误
        MsgBox "数据错误! ", "提示错误信息"
        End
    End If
    If m < n Then t = m: m = n: n = t        '使得m>n
    t = m * n                                '为求最小公倍数作准备
    Do                                       '辗转相除法求最小公倍数
        r = m Mod n
        m = n
        n = r
    Loop While r <> 0
    Text3.Text = CStr(m)                     '显示最大公约数
    Text4.Text = CStr(t / m)                 '显示最小公倍数
End Sub
Private Sub Command2_Click()
    End                                      '结束应用程序
End Sub
```

【运行程序】

启动程序后，在文本框中分别输入两个自然数，然后单击"计算"按钮，便在文本框3和文本框4中显示最大公约数和最小公倍数。单击"结束"按钮退出应用程序。

【例3-11】求根据公式 π 的值。

编写程序，利用下列公式求 π 的值，要求精度由用户自己输入。程序的设计界面如图3-31所示，程序的运行界面如图3-32所示。

$$\pi = 4\left(1 - \frac{1}{3} + \frac{1}{5} - \frac{1}{7} + \cdots\right)$$

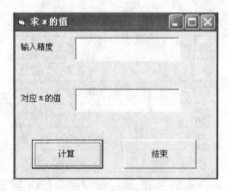

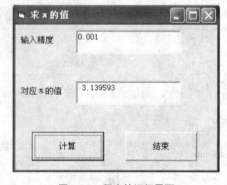

图3-31　程序的设计界面　　　　　　图3-32　程序的运行界面

【分析】

本例是一个累加和的例子，而且循环次数不定，所以采用while循环来实现。通过观察公式可见，每一项与前一项都是相反的，这里题目可以通过一个代表符号的变量k来表示，在循环中将k的值取反，即k=-k即可。

【界面设计】

界面中包含的控件以及属性设置如表3-15所示。

表3-15　控件以及属性设置

控件名称	属性名	属性值	控件描述
Text1	Text	""	输入π的精度要求
Text2	Text	""	输入π的值
Command1	Caption	"计算"	单击按钮计算π的值
Command2	Caption	"结束"	单击按钮结束应用程序

【代码】

```
Private Sub Command1_Click()
    Dim pi As Single, t As Single    'pi代表和，k表示当前符号项，t表示当前项，n表示当前项的序号
    Dim n As Single, k As Single
    Dim e As Single                  '精度要求
    e = Val(Text1.Text)              '得到精度要求
    pi = 0: n = 1: k = 1: t = 1      '赋初值
    Do While (Math.Abs(t) > e)       '退出循环控制条件为某一项的绝对值小于精度要求
        pi = pi + t                  '把当前项的值加到和pi中
        k = -k                       '符号变为与原来的相反
        n = n + 1                    'n的值加1，为求下一项作准备
        t = k / (2 * n - 1)          '求得下一项
    Loop
    pi = 4 * pi                      '求得pi的值
    Text2.Text = Str(pi)             '显示pi的值
End Sub
Private Sub Command2_Click()
    End                              '结束应用程序
End Sub
```

【运行程序】

启动程序后，在文本框中输入精度要求，然后单击"计算"按钮，便在文本框中显示相应的π值。单击"结束"按钮退出应用程序。

3.5　本章小结

本章主要介绍了结构化程序设计语句，包括顺序语句、选择语句和循环语句。

（1）顺序结构包括：赋值语句、print方法、输入框InputBox、消息框MsgBox、Cls语句和End语句。

（2）选择结构语句包括：If条件结构和Select Case语句，其中If语句包括单分支If语句、双分支If语句和多分支If语句，Select Case语句也是实现多分支选择语句。

（3）循环结构语句包括：For Next语句、Do While …Loop语句和Do…Loop While

语句，其中在已知循环次数的情况下，应用for循环；给出循环条件的循环情况下，应用While循环，Do While …Loop语句是先判断条件满足之后再执行循环，Do…Loop While语句是先执行循环之后再判断条件。

3.6 习题3

一、选择题

（1）下列程序执行后，整型变量n的值为25，那么

```
n=0
for I=1 to 100
if I mod  （   ） =0 then n=n+1
next    I
```

A. 2   B. 3   C. 4   D. 5

（2）在窗体上画一个命令按钮，然后编写如下事件过程：

```
Private Sub Command1_Click()
    b=1
    a=2
    Do While b<10
      b=2*a+b
    Loop
    Print b
End Sub
```

程序运行后，输出的结果是(   )。

A. 13   B. 17   C. 21   D. 33

（3）下列的程序执行后，x的值为(   )。

```
x=0
For i=1 to 10
  For j=I to 10
    x=x+1
  Next j
Next i
```

A. 50   B. 55   C. 5   D. 105

（4）下面程序段，显示的结果是(   )。

```
Dim x=1
X=int(Rnd)+5
Select Case x
  Case 5
```

```
        Print "优秀"
      Case 4
        Print "良好"
      Case 3
        Print "通过"
      Case Else
        Print "不通过"
    End Select
```

A. 优秀　　　　　B. 良好　　　　　C. 通过　　　　　D. 不通过

（5）VB 提供了结构化程序设计的三种基本机构，三种基本结构是(　　)。

　　A. 递归结构、选择结构、循环结构

　　B. 选择结构、过程结构、顺序结构

　　C. 过程结构、输入和输出结构、转向结构

　　D. 选择结构、循环结构、顺序结构

（6）下列循环语句能够正常结束循环的是(　　)。

```
A. I=5                      B. I=1
   Do                          Do
     I=I+1                       I=I+2
   Loop until I<0              Loop until I=10
C. I=10                     D. I=6
   Do                          Do
     I=I-1                       I=I-2
   Loop until I<0              Loop until I=1
```

（提示：until语句和while语句正好相反，当条件为假时循环，当条件为真时退出循环）

（7）以下(　　)是正确的FOR…NEXT结构。

```
A. FOR x=1 to step 10        B. FOR x=3 to-3 step-3
     ……                          ……
   next x                      next x
C. FOR x=10 to 1             D. FOR x=3 to 10 step 3
     ……                          ……
   next x                      next y
```

（8）某人设计了如下程序用来计算并输出7!(7的阶乘)。

```
Private Sub Command1_Click()
  t=0
  For k=7 To 2 Step -1
    t=t*k
```

```
    Next
      Print  t
    End Sub
```

执行程序时，发现结果是错误的，下面的修改方案中能够得到正确结构的是（   ）。

    A. 把t=0改为t=1

    B. 把For k = 7 To 2 Step −1改为For k =7 To 1 Step −1

    C. 把For k = 7 To 2 Stip−1改为Fork=1 To 7

    D. 把Next改为Next k

（9）在窗体上画一个名称为Command1的命令按钮，并编写以下程序：

```
Private Sub Command1_Click()
Dim n%,b,t
t = 1:b = 1:n = 2
Do
    b = b*n
    t = t + b
    n = n +1
Loop Until n>9
Print t
End Sub
```

此程序计算并输出一个表达式的值，该表达式是（   ）。

    A. 9!   B. 10!   C. 1! +2! +···+9!   D. 1! +2! +···+10!

（10）下列程序中，内层循环执行了（   ）次。

```
Private Sub Command1_Click()
Dim intsum As Integer
    Dim i As Integer
    Dim j As Integer
    For i = 1 To 17 Step 2
      For j = 1 To 30 Step 2
        intsum = intsum + j
        If intsum > 20 Then Exit Sub
      Next j
    Next i
End Sub
```

    A. 11   B. 15   C. 17   D. 5

（11）下面程序运行时，内层循环的循环总次数是（   ）。

```
For M=1 To 3
```

```
  For N=0 To M-1
    Next N
  Next M
```
A. 3　　　　　　B. 4　　　　　　C. 5　　　　　　D. 6

（12）下列程序的执行结果为（　　）。
```
  a=100
  b=50
  If a<>b Then a=a+b Else b=a-b
    Print a, b
```
A. 100 100　　B. 150 50　　　C. 150 150　　　D. 50 50

（13）InputBox函数返回值的类型为（　　）。

A. 数值　　　　　　　　　　B. 字符串

C. 变体　　　　　　　　　　D. 数值或字符串（视输入的数据而定）

（14）在Visual Basic中，一个语句行内写多条语句时，语句之间应该用（　　）。

A. 逗号　　　　B. 顿号　　　　C. 分号　　　　D. 冒号

（15）下面程序运行时，内层循环的循环总次数是（　　）。
```
  For M=1 To 3
    For N=0 To M-1
    Next N
  Next M
```
A. 3　　　　　　B. 4　　　　　　C. 5　　　　　　D. 6

二、填空题

（1）显示被2、3、5除，余数为1的最小的3个正整数。
```
Private sub command1_click()
  Dim countN%,n%
  countN=0
  n=1
  Do While_____
    n=_____
    if _____Then
      print n
      countN=countN+1
    End if
  Loop
End sub
```
（2）以下程序的功能是：找出能够被13、23、43除，余数分别为1、2、3的最小的两个整数。阅读程序并填空。

```
Private Sub Command1_Click ()
    Dim m _____Integer, n As Integer
    m=0
    n=43+3
    _____                         '开始循环
      n=n+1
      If _____Then              '找出满足条件的数
      Print n
      m=m+1
    End If
    Loop _____                     '利用Until语句实现循环
End Sub
```

（3）下面的程序执行时，可以从键盘输入一个正整数，然后把该数的每位数字按逆序输出。例如：输入7685，则输出5867，输入1000，则输出0001。请填空。

```
Private Sub Command1_Click()
    Dim x As Integer
    x = InputBox("请输入一个正整数")
    Do While  x _____
      Print x Mod 10;
      _____                      '为取x的下一个数字作准备
    Loop
End Sub
```

三、程序设计题

（1）编写通过inputbox()输入密码（假定密码为"hello"），只要符合就显示"欢迎使用本系统！"，否则用msgbox()显示"密码错误！"并终止程序运行。

（2）编写程序求1!+2!+3!+…+10!。

（3）编写程序求一元二次方程根的程序，要求用户自己输入一元二次方程的三个参数，首先判断能否构成了一元二次方程，如果不是给出提示信息，结束程序，如果是，那么分情况讨论实根和虚根的情况，最后输出两个根。

（4）编程求解裴波纳契数列，裴波纳契数列第一项为1，第二项为1，从第三项开始每一项的值都等于它前两项之和，要求编程求解数列的第n项的值，n由用户输入，并将最后结果在窗体上输出。

（5）编写程序求水仙花数，所谓水仙花数是指一个三位数等于它各位数字立方之和，例如：$153=1^3+5^3+3^3$。

第4章　数组及应用

本章主要介绍数组及其应用，包括一维数组、二维数组以及数组的应用。

本章要点

- 数组的概念。
- 一维数组的定义、赋初值与数组元素的引用。
- 二维数组的定义、赋初值与数组元素的引用。
- 改变数组尺寸的方法。
- 应用数组解决一些常见问题，如统计、排序和查找等。

4.1　概述

引例：

【例4-1】编程求出10个学生的考试平均成绩。

要对10个学生的成绩完成各种处理操作，为便于处理通常要把10个成绩用变量保存起来，如果用一般变量来表示成绩，则需要用10个变量，如：mark1、mark2、…、mark10。如此众多的变量对程序书写和数据处理极为不便，如果不是10个数，而是100、1000甚至是10 000，此时按照上述方法编写程序就非常冗长。通过分析可以看到，我们借鉴数学符号xi这种用单一名称表示多个未知数的形式来表示这10个变量。这种类似于数学符号xi的变量表示形式，在计算机程序设计中称为数组。

如假设存放10个学生成绩的数组名为cj，要求出所有学生的平均成绩，可使用如下语句：

```
aver=0
For i=1 To 10 Step=1
    aver=aver+cj(i)
Next i
aver=aver/10
```

数组是具有一定顺序关系的若干相同类型变量的命名集合体。组成数组的变量称为该数组的元素，数组中数组元素的个数称之为数组长度（或数组大小）。数组可以只用一个数组名代表逻辑上相关的一批数据，为程序处理数据、简化程序书写带来好处。

数组并不是一种数据类型，而是一组相同类型的变量的集合，数组中的每个数据为数组的元素，可以是前面讲过的各种基本数据类型。若数组类型被指定为变体型，它的各个元素就可以是不同的类型，数组元素在数组中按线性排列。用数组名代表逻辑上相关的一批数据，每个元素用下标变量来区分，下标变量代表元素在数组中的位置。在高级语言中，可以定义不同维数的数组。所谓维数，是指一个数组中的元素需要用多少个下标变量来确定。常用的是一维数组和二维数组。一维数组相当于数学中的数列，二维数组相当于数学中的矩阵。

VB中的数组，按不同的方式可分为以下几类：

（1）按数组的大小（元素个数）是否可以改变来分：定长数组（元素个数不变）、动态数组（元素个数可变）。

（2）按数组的维数可分为：一维数组、二维数组和多维数组。

（3）按元素的数据类型可分为：数值型数组、字符串数组、日期型数组等。

4.2　一维数组

类似于数学符号xi(i=1，2，…，n)，数组中每个数组元素也有一个用于区分这些元素的编号，称为下标。如A(1)、A(2)、…、A(30)。数组下标表示了元素在数组中的排列位置，引用数组元素时下标可以是整型的常数、变量和表达式。

所谓一维数组是指只有一个下标的数组。

4.2.1　一维数组的声明

和简单变量一样，数组也必须先声明后使用，声明数组即是说明数组名、类型、维数和数组大小。其声明格式为：

Dim　数组名([[下标下界TO]下标上界)[As数据类型]

说明：

（1）数组名的命名与简单变量相同，可以是任意合法的变量名。

（2）所谓下界和上界，就是数组下标的最小值和最大值。

（3）下标必须为常数，不可以为表达式或变量。

（4）数组元素的个数，由它的<下界>和<上界>决定：上界－下界＋1

（5）缺省下界时，VB默认为0。若希望下标从1开始，可在模块的通用部分使用Option Base语句将其设为1，其使用格式是：

　　　　Option Base 0|1　　　　'后面的参数只能取值0或1

例如：　　Option Base　1　　　　'将数组声明中默认<下界>下标设为1

> **注意：**
> 　　该语句只能放在模块的通用部分，不能放在任何过程中使用，它只能对本模块中声明的数组起作用，对其他模块的数组不起作用。

（6）如果省略As子语句，则数组的类型为变体类型。

（7）数组中各元素在内存中占一片连续的存储空间，一维数组在内存中存放的顺序是下标由小到大的顺序，如图4-1所示。

A(1)　　A(2)　　A(3)　　A(4)　　A(5)　　A(6)　　A(7)　　A(8)　　A(9)　　A(10)

图4-1 数组中各元素的存储顺序

由于数组要在内存中占用连续的存储单元，为了让系统为它开辟并保留连续的存储空间，在使用一个数组之前，必须先对次数组进行定义，VB中对数组不支持隐式声明。

例如：

Dim a（10）As Integer	'省略下界，有11个元素，下标范围是0 ~ 10
Dim b（-3 to 5）As String	'有9个元素，下标的范围是-3 ~ 5
n=10	
Dim x(n) As Single	'错误的声明，使用了变量n来说明上界
Const NUM =100	
Dim x(NUM) As Single	'正确，因为NUM是符号常量

4.2.2　一维数组的引用

对于数组必须先定义，后使用。对数组元素的操作与对简单变量的操作基本一样，在高级语言中一般只能逐个引用数组元素，而不能一次引用整个数组。一维数组的表示形式为：

数组名（下标）

说明：

（1）下标可以是整数常量、变量和表达式。

（2）引用数组元素时，数组名、数组类型和维数必须和数组声明一致。

（3）引用数组元素时，下标值应在数组声明的范围之内。否则将会出现下标越界错误。

例如：设有数组定义Dim B(10) As Integer ,A(10) As Integer

A(1)=A(2)+B(3)+5	'取数组元素运算，并将结果赋值给一个元素
i = 5	
A(i)=B(i)+5	'下标使用变量
A(i + 2)=B(i + 3)	'下标使用表达式
A(11)=5	'错误，因为下标越界

4.2.3　一维数组的基本操作

假设定义一维数组：Dim i As Integer, A(10) As Integer, B(10) As Integer，下面是对数组的一些基本操作的程序段。

1）一维数组的初始化

所谓数组的初始化，就是给数组中的各元素赋初值。VB中没有提供定义数组并同时初始化其内容的方法，所以大多数情况下，必须单独地设置每一个元素。一般使用循环实现对数组的初始化。

一维数组的初始化。定义两个整型数组A和B并初始化为0。

程序如下：

```
For i = 0 To 10
    A(i) = 0
Next i
```

B = A程序中语句"B=A"的作用是把数组A中各元素的值赋给B中对应的元素，该语句等价于：

```
For i = 0 To 10
    B(i) = A(i)
```

```
Next i
```

2）求一维数组中最大元素及其下标

```
Dim Max As Integer, iMax As Integer
Max = A(0): A = 0                '假设第一个元素就是最大值
For i = 1 To 10
  If   A(i) > Max Then           '依次跟剩下10个元素进行比较
    Max = A(i)
    iMax = i
  End If
Next i
Print "数组元素中，最大值是：" & Max & ",其下标为：" & iMax
```

3）一维数组的倒置

分析：将第一个元素和最后一个元素交换，第二个元素和倒数第二个元素交换，以此类推，即第i个元素与第n－i＋1个元素交换，直到i＝n\2。

程序如下：

```
For  i = 1  To  n\2
  t=a(i):a(i)=a(n-i+1):a(n-i+1)=t
Next i
```

其中，n表示数组元素的个数。

4.2.4 一维数组的应用

【例4-2】求最大值及其所在位置。

编写一个程序，用来随机产生10个两位数并找出其中的最大值及最大值所在位置。程序的设计界面如图4-2所示，程序的运行界面如图4-3所示。

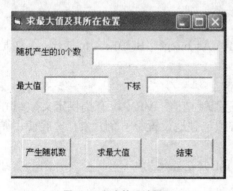
图4-2 程序的设计界面

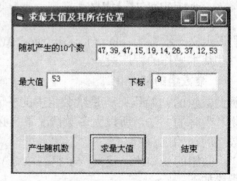
图4-3 程序的运行界面

【分析】

用一个一维数组存放随机产生的数，再定义两个变量，一个用来记下最大值，一个用来记下最大值数所在的位置。从第一个数到最后一个去比较，通过9次两两比较，最后找到最大值及其所在的下标。

【界面设计】

界面中包含的控件以及属性设置如表4-1所示。

表4-1 控件以及属性设置

控件名称	属性名	属性值	控件描述
Text1	Text	""	显示随机产生10个数
Text2	Text	""	显示最大值
Text3	Text	""	显示最大值元素所在下标
Command1	Caption	"产生随机数"	单击按钮产生随机数
Command2	Caption	"求最大值"	单击按钮求最大值
Command3	Caption	"结束"	单击按钮结束应用程序

【代码】

```
Private a(9) As Integer          '定义一个由10个元素组成的数组，用来存放随机产生的数
Private Sub Command1_Click()
  Dim i As Integer
  Randomize                      '随机数初始化
  Text1.Text = ""
  For i = 0 To 9                 '该循环产生10个数并显示在第一个文本框中
    a(i) = Int(90 * Rnd() + 10)
    Text1.Text = Text1.Text + CStr(a(i)) + ","          '数字之间用逗号隔开
  Next i
  Text1.Text = Mid(Text1.Text, 1, Len(Text1.Text) – 1)      '将最后一个逗号去掉
End Sub
Private Sub Command2_Click()
Dim i As Integer
  Dim max, max_i As Integer      '分别用来存放最大值和最大值的下标
  max = a(0): max_i = 0          '首先认为第一个元素值最大
  For i = 1 To 9                 '该循环找最大值及其下标
    If max < a(i) Then           '如果后面的元素值大
      max = a(i)                 '记下该元素
      max_i = i                  '记下该元素的下标
    End If
  Next i
  Text2.Text = Str(max)          '显示最大值
  Text3.Text = Str(max_i)        '显示最大值的下标
End Sub
Private Sub Command3_Click()
  End
End Sub
```

【运行程序】

启动程序后，单击"产生随机数"按钮，便在文本框1中显示随机产生的10个数。单击"求最大值"按钮，在文本框2和3中显示最大值及其所在位置。单击"结束"按钮结束应用程序。

【例4-3】选择法排序。

编写一个程序，用来随机产生10个两位数并采用选择法对这10个数进行由大到小排序。程序的设计界面如图4-4所示，程序的运行界面如图4-5所示。

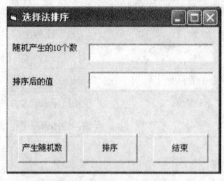

图4-4　程序的设计界面　　　　　　　图4-5　程序的运行界面

【分析】

用一个一维数组存放随机产生的数，然后采用选择法对其进行排序。选择法把具有N个元素的一维数组从大到小进行排列，排序过程可分为N-1轮，每一轮排列一个数，最后一轮排列两个数，具体如下所示：

第一轮：从N个数中找出最大的数和第一个数进行交换，第一个数排列好；

第二轮：从剩下的N-1个数中找出最大的数和第二个数进行交换，第二个数排列好；

第三轮：从剩下的N-2个数中找出最大的数和第三个数进行交换，第三个数排列好；

……

第i轮：从剩下的N-i+1个数中找出最大的数和第i个数进行交换，第i个数排列好；

……

第N-1轮：从剩下的N-(N-1)+1个数中找出最大的数和第N-1个数进行交换，排序结束。

每一轮都需要采用循环实现，因此为实现排序，需要使用二层循环。

【界面设计】

界面中包含的控件以及属性设置如表4-2所示。

表4-2　控件以及属性设置

控件名称	属性名	属性值	控件描述
Text1	Text	""	显示随机产生的10个数
Text2	Text	""	显示排序之后结果
Command1	Caption	"产生随机数"	单击按钮产生随机数
Command2	Caption	"排序"	单击按钮进行排序
Command3	Caption	"结束"	单击按钮结束应用程序

【代码】

```
Private a(9) As Integer                 '定义一个由10个元素组成的数组，用来存放随机产生的数
Private Sub Command1_Click()
  Dim i As Integer
  Randomize   '随机数初始化
  Text1.Text = ""
  For i = 0 To 9                        '该循环产生10个数并显示在第一个文本框中
    a(i) = Int(90 * Rnd() + 10)
    Text1.Text = Text1.Text + CStr(a(i)) + ","          '数字之间用逗号隔开
  Next i
  Text1.Text = Mid(Text1.Text, 1, Len(Text1.Text) – 1)  '将最后一个逗号去掉
End Sub
Private Sub Command2_Click()
  Dim max, max_i, i, j, t As Integer
  For i = 0 To 8              '外层循环用来控制轮次
    max = a(i): max_i = i     '每轮首先认为该轮的第一个元素为最大值
    For j = i + 1 To 9
      If (max < a(j)) Then
        max = a(j)
        max_i = j
      End If '最大值与后面的元素比较，若后面的元素值大，则记下它的值和它的下标
    Next j
    If (max_i <> i) Then         '如果最大值不是该轮的第一个元素，则交换
      t = a(max_i): a(max_i) = a(i): a(i) = t
    End If
  Next i
  Text2.Text = ""
  For i = 0 To 9                 '显示排好序后的数组
    Text2.Text = Text2.Text + CStr(a(i)) + ","
  Next i
  Text2.Text = Mid(Text2.Text, 1, Len(Text2.Text) – 1)
End Sub
Private Sub Command3_Click()
  End
End Sub
```

【运行程序】

启动程序后，单击"产生随机数"按钮，便在文本框1中显示随机产生的10个数，单击"排序"按钮在文本框2显示排序之后的数据。单击"结束"按钮结束应用程序。

【思考】

上面例子是由大到小排序，要是改为由小到大排序，程序应该怎样改动？

【例4-4】冒泡法排序。

编写一个程序，用来随机产生10个两位数并采用冒泡法对这十个数进行由小到大排序。程序的设计界面如图4-6所示，程序的运行界面如图4-7所示。

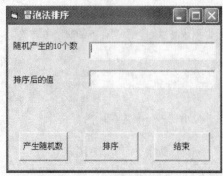
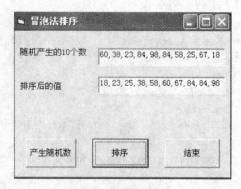

图4-6 程序的设计界面   图4-7 程序的运行界面

【分析】

用一个一维数组存放随机产生的数，然后采用冒泡法对其进行排序。冒泡法把具有N个元素的一维数组从小到大进行排列，排序过程可分为N-1轮，每一轮有一个最大数沉底，如果是第i轮，则该轮循环为N-i次，要进行N-i次两两比较，最后一轮需要比较1次，确定最后两个数的位置，具体如下所示：

第一轮：从第一个元素开始跟后面的元素比较，只要不满足小的在前、大的在后，就要进行交换，这样两两比较N-1次之后，最大的数沉底；

第二轮：从第一个元素开始跟后面剩下的元素比较，只要不满足小的在前、大的在后，就要进行交换，这样两两比较N-2次之后，剩下元素中最大的数沉底；

第三轮：从第一个元素开始跟后面剩下的元素比较，只要不满足小的在前、大的在后，就要进行交换，这样两两比较N-3次之后，剩下元素中最大的数沉底；

…..

第i轮：从第一个元素开始跟后面剩下的元素比较，只要不满足小的在前、大的在后，就要进行交换，这样两两比较N-i次之后，剩下元素中最大的数沉底；

……

第N-1轮：从第一个元素开始跟后面剩下的元素比较，只要不满足小的在前、大的在后，就要进行交换，这样两两比较N-(N-1)次之后，即比较1次，剩下两个数的位置确定排序结束。

【界面设计】

界面中包含的控件以及属性设置如表4-3所示。

表4-3 控件以及属性设置

控件名称	属性名	属性值	控件描述
Text1	Text	""	显示随机产生的10个数
Text2	Text	""	显示排序之后结果
Command1	Caption	"产生随机数"	单击按钮产生随机数
Command2	Caption	"排序"	单击按钮进行排序
Command3	Caption	"结束"	单击按钮结束应用程序

【代码】

```
Private a(9) As Integer                  '定义一个由10个元素组成的数组，用来存放随机产生的数
Private Sub Command1_Click()
    Dim i As Integer
    Randomize                                                  '随机数初始化
    Text1.Text = ""
    For i = 0 To 9                       '该循环产生10个数并显示在第一个文本框中
        a(i) = Int(90 * Rnd() + 10)
        Text1.Text = Text1.Text + CStr(a(i)) + ","            '数字之间用逗号隔开
    Next i
    Text1.Text = Mid(Text1.Text, 1, Len(Text1.Text) – 1)      '将最后一个逗号去掉
End Sub
Private Sub Command2_Click()
    Dim i, j, t As Integer
    For i = 1 To 9                                            'i表示轮次
        For j = 0 To 9 – i                                    'j表示每轮比较的次数
            If a(j) > a(j + 1) Then                           '如果后面的元素值小，则交换
                t = a(j): a(j) = a(j + 1): a(j + 1) = t
            End If
        Next j
    Next i
    Text2.Text = ""
    For i = 0 To 9                                            '显示排好序后的数组
        Text2.Text = Text2.Text + CStr(a(i)) + ","
    Next i
    Text2.Text = Mid(Text2.Text, 1, Len(Text2.Text) – 1)
End Sub
Private Sub Command3_Click()
    End
End Sub
```

【运行程序】

启动程序后，单击"产生随机数"按钮，便在文本框1中显示随机产生的10个数。单击"排序"按钮在文本框2显示排序之后的数据，单击"结束"按钮结束应用程序。

【例4-5】一维数组倒序存放。

编写一个程序，用来随机产生10个两位数，并对这10个数进行倒序存放。程序的设计界面如图4-8所示，程序的运行界面如图4-9所示。

【分析】

将第一个元素和最后一个元素交换，第二个元素和倒数第二个元素交换，以此类推，即第i个元素与第 $n – i + 1$ 个元素交换，直到 $i = n\backslash2$，其中：n表示数组元素的个数，数组下标从1开始。

【界面设计】

界面中包含的控件以及属性设置如表4-4所示。

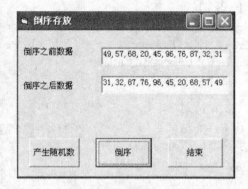

图4-8 程序的设计界面   图4-9 程序的运行界面

表4-4 控件以及属性设置

控件名称	属性名	属性值	控件描述
Text1	Text	""	显示随机产生的10个数
Text2	Text	""	显示倒序之后结果
Command1	Caption	"产生随机数"	单击按钮产生随机数
Command2	Caption	"倒序存放"	单击按钮进行倒序
Command3	Caption	"结束"	单击按钮结束应用程序

【代码】

```
Const n = 10                        '定义常量表示元素个数
Private a(n) As Integer             '定义一个由10个元素组成的数组，用来存放随机产生的数
Private Sub Command1_Click()
   Dim i As Integer
   Randomize                        '随机数初始化
   Text1.Text = ""
   For i = 1 To n                   '该循环产生10个数并显示在第一个文本框中
      a(i) = Int(90 * Rnd() + 10)
      Text1.Text = Text1.Text + CStr(a(i)) + ","
   Next i
   Text1.Text = Mid(Text1.Text, 1, Len(Text1.Text) – 1)
End Sub
Private Sub Command2_Click()
   Dim i As Integer, t As Integer
   For i = 1 To n \ 2
   t = a(i): a(i) = a(n – i + 1): a(n – i + 1) = t
   Next i
   Text2.Text = ""
   For i = 1 To n                       '显示排好序后的数组
      Text2.Text = Text2.Text + CStr(a(i)) + ","
   Next i
   Text2.Text = Mid(Text2.Text, 1, Len(Text2.Text) – 1)
```

```
End Sub
Private Sub Command3_Click()
    End
End Sub
```

【运行程序】

启动程序后，单击"产生随机数"按钮，便在文本框1中显示随机产生的10个数，单击"倒序存放"按钮在文本框2显示倒序之后的数据。单击"结束"按钮结束应用程序。

4.3　二维数组及多维数组

一维数组只有一个下标，多维数组具有多个下标，要引用多维数组的数组元素，需要使用多个下标，多维数组中最常用的是二维数组。所谓二维数组，就是有两个下标的数组，适合处理如成绩报表、矩阵等具有行列结构的数据，例如矩阵A中：

$$A = \begin{bmatrix} 1 & 2 & 3 \\ 4 & 5 & 6 \\ 7 & 8 & 9 \end{bmatrix}$$

每个元素需要两个下标（行、列）来确定位置，如A中值为8的元素的行是3，列为2，它们共同确定了该元素在矩阵A中的位置。当用一个数组存储该矩阵时，每个元素的位置都需要用行和列两个下标来描述，例如，A (2,3)表示数组A中第2行第3列的元素，数组A是一个二维数组。同理，数组中的元素有3个下标的数组称为三维数组，三维以上的数组也称为多维数组。

4.3.1　二维数组的声明

声明格式：

Dim　数组名([[下标1下界TO]下标1上界，[下标2下界TO]下标2上界])[As类型名]

其中的参数跟一维数组完全一致。

例如：

Dim　A(2,3) As　Integer

定义了一个整型类型二维数组，同一维数组一样，默认下界是从0开始，所以上面数组A中共有元素12个，从A（0,0）到A（2,3）。

二维数组在内存中的存储顺序是"先行后列"。从逻辑上看，二维数组是一种"行列"结构，由若干行和若干列组成，如上面定义的数组A有3行4列，可以形象地用图4-10来描述。

A(0,0)	A(0,1)	A(0,2)	A(0,3)
A(1,0)	A(1,1)	A(1,2)	A(1,3)
A(2,0)	A(2,1)	A(2,2)	A(2,3)

图4-10　二维数组的逻辑结构

4.3.2 二维数组的引用

二维数组的引用和一维数组的引用基本相同，格式为：
　　　数组名（下标1、下标2）
说明：
　　（1）下标1、下标2可以是常量、变量或表达式。
　　（2）下标1、下标2取值范围不能超过所声明的上、下界。
例如：
　　　a(2,3)=10
　　　a(i*2,j)= a(2,3)+5
在程序中对二维数组进行赋值或输出一般采用二重循环进行操作。

4.3.3 二维数组的基本操作

假设定义数组如下：
　　Dim a(1 to 3,1 to 4) As Integer,i As Integer,j As Integer
1）二维数组的初始化

```
For i=1 to 3
  For j=1 to 4
    a(i,j)=1
  Next j
Next i
```

2）求最大元素及其所在行和列

求二维数组最大元素及其位置，其基本思路跟一维数组对应的操作相似，用变量Max存放最大值，用n和m存放最大值所在的行号和列号，代码如下：

```
Max = a(1,1):n=1:m=1
For i=1 to 3
  For j=1 to 4
    If a(i,j)>Max   then
        Max = a(i,j):n=i:m=j
  Next j
Next i
Print  "最大元素是："& Max
Print  "所在行："& n & "所在列："& m
```

3）求矩阵的转置矩阵

所谓的转置矩阵是指将当前矩阵的行和列位置进行互换得到的新矩阵，通过二重循环就可以实现。

如果数组A是M×N的二维数组，则可以定义新数组B是N×M的二维数组，存储数组A的转置矩阵，代码如下：

```
For  i=1  to   M
  For  j=1  to  N
```

```
    B(j,i)=A(i,j)
  Next j
Next i
```

4.3.4 二维数组应用

【例4-6】求各门课程的平均成绩。

编写一个程序，用来计算各门课程的平均成绩，要求在程序启动后，通过输入框输入学号和成绩数据。程序的设计界面如图4-11所示，程序的运行界面如图4-12所示。

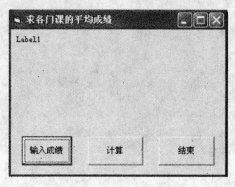 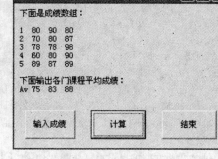

图4-11 程序的设计界面　　　　图4-12 程序的运行界面

【分析】

记录学生的学号和成绩，可以定义一个二维数组，每一行代表一个学生的数据，其中每一行的第一列表示该学生的学号，后面各列分别存放对应的成绩。求每门课程平均成绩时可以采用二重循环实现，外层循环为每一列，而内层循环则为对应列的每一行进行循环，外层循环一次，即内层循环完整一遍，则算出一门课程的平均成绩，将平均成绩存入对应的数组中即可。

【界面设计】

界面中包含的控件以及属性设置如表4-5所示。

表4-5 控件以及属性设置

控件名称	属性名	属性值	控件描述
Label1	Caption	""	显示学生学号和成绩
Command1	Caption	"输入数据"	单击按钮输入数据
Command2	Caption	"计算"	单击按钮求各门课程平均成绩
Command3	Caption	"结束"	单击按钮结束应用程序

【代码】

```
Const M As Integer = 5              '代表二维数组行数，即学生数
  Const N As Integer = 3            '代表课程的门数，共三门课程
  Dim CJ(M - 1, N), Aver(N - 1) As Integer   '存学号以及各门课程成绩和平均值
Private Sub Command1_Click()
```

```
        Dim i, j As Integer
        For i = 0 To M – 1                         '二重循环输入学号和成绩并存放到成绩数组CJ
            For j = 0 To N
                CJ(i, j) = Val(InputBox("输入a(" + CStr(i) + "," + CStr(j) + ")", "输入学号和成绩"))
            Next j
        Next i
    End Sub
    Private Sub Command2_Click()
        Dim i, j As Integer
        For j = 0 To N – 1                          '该循环求每门课的平均成绩
            Aver(j) = 0
            For i = 0 To M – 1
                Aver(j) = Aver(j) + CJ(i, j + 1)
            Next i
            Aver(j) = Aver(j) \ M
        Next j
        Label1.Caption = "下面是成绩数组: " + Chr(10) + Chr(13)
        For i = 0 To M – 1                          '该循环输出各个学生的学号及各科成绩
            Label1.Caption = Label1.Caption + Chr(10) + Chr(13)
            For j = 0 To N
                Label1.Caption = Label1.Caption + CStr(CJ(i, j)) + "  "
            Next j
        Next i
        Label1.Caption = Label1.Caption + Chr(10) + Chr(13) + Chr(10) + Chr(13) + "下面输出各门课程平均
成绩: " + Chr(10) + Chr(13) + "Av "
        For i = 0 To N – 1                          '该循环输出各科的平均成绩
            Label1.Caption = Label1.Caption + CStr(Aver(i)) + "  "
        Next i
    End Sub
    Private Sub Command3_Click()
        End
    End Sub
```

【运行程序】

启动程序后，单击"输入成绩"按钮，便在输入框中输入学号和该学生的各门成绩，单击"计算"按钮在标签中显示学号、成绩和平均成绩。单击"结束"按钮结束应用程序。

【例4-7】求最大元素及其所在行和列。

编写一个程序，用来求二维数组中最大元素所在行和列。程序的设计界面如图4-13所示，程序的运行界面如图4-14所示。

【分析】

求二维数组最大元素及其位置，其基本思路跟一维数组对应的操作相似，用变量Max存放最大值，用n和m存放最大值所在的行号和列号。

【界面设计】

界面中包含的控件以及属性设置如表4-6所示。

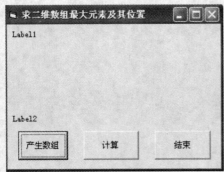
图4-13　程序的设计界面

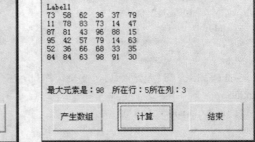
图4-14　程序的运行界面

表4-6　控件以及属性设置

控件名称	属性名	属性值	控件描述
Label1	Caption	"label1"	显示二维数组
Label2	Caption	"label2"	显示最大元素及其位置
Command1	Caption	"随机产生数组"	单击按钮产生数据
Command2	Caption	"计算"	单击按钮求最大元素所在位置
Command3	Caption	"结束"	单击按钮结束应用程序

【代码】

```
Const M As Integer = 5
Const N As Integer = 5
Dim a(M, N) As Integer
Private Sub Command1_Click()
   Dim i, j As Integer
   For i = 0 To M                        '二重循环输入学号和成绩并存放到成绩数组CJ
      For j = 0 To N
         a(i, j) = Int(Rnd * 90) + 10    '随机产生数组元素
      Next j
   Next i
   For i = 0 To M                        '该循环输出二维数组元素
      Label1.Caption = Label1.Caption + Chr(10) + Chr(13)
      For j = 0 To N
         Label1.Caption = Label1.Caption + CStr(a(i, j)) + " "
      Next j
   Next i
End Sub
Private Sub Command2_Click()
   Dim i, j As Integer
   Dim max_i, max_j As Integer          '存储最大值所在的下标
   Max = a(1, 1): max_i = 0: max_j = 0
   For i = 0 To M
```

```
      For j = 0 To N
        If a(i, j) > Max Then
          Max = a(i, j): max_i = i: max_j = j
        End If
      Next j
    Next i
    Label2.Caption = "最大元素是：" & Max & " 所在行：" & max_i & "所在列：" & max_j
End Sub
Private Sub Command3_Click()
  End
End Sub
```

【运行程序】

启动程序后，单击"产生数组"按钮，便在标签1中显示，单击"计算"按钮在标签中显示学号、成绩和平均成绩。单击"结束"按钮结束应用程序。

【例4-8】求方阵的转置矩阵。

编写一个程序，用来求方阵的转置矩阵。程序的设计界面如图4-15所示，程序的运行界面如图4-16所示。

图4-15　程序的设计界面

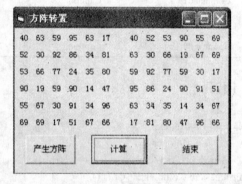

图4-16　程序的运行界面

【分析】

所谓的转置矩阵是指将当前矩阵的行和列位置进行互换得到的新矩阵，通过二重循环就可以实现。

【界面设计】

界面中包含的控件以及属性设置如表4-7所示。

表4-7　控件以及属性设置

控件名称	属性名	属性值	控件描述
Label1	Caption	"label1"	显示二维数组
Label2	Caption	"label2"	显示转置后的数组
Command1	Caption	"随机产生数组"	单击按钮产生数据
Command2	Caption	"计算"	单击按钮求方阵转置矩阵
Command3	Caption	"结束"	单击按钮结束应用程序

【代码】

```
Const M As Integer = 5
Dim a(M, M) As Integer
Private Sub Command1_Click()
    Dim i, j As Integer
    Randomize                                    '随机数初始化
    Label1.Caption = ""
    For i = 0 To M                               '该循环给方阵中的每个元素赋值
        For j = 0 To M
            a(i, j) = Int(90 * Rnd()) + 10       '产生随机数并赋值给数组元素
            Label1.Caption = Label1.Caption + CStr(a(i, j)) + " "    '显示该元素值
        Next j
        Label1.Caption = Label1.Caption + Chr(10) + Chr(13)    '换行
    Next i
End Sub
Private Sub Command2_Click()
    Dim i, j, t As Integer
    For i = 0 To M
        For j = 0 To i − 1
            t = a(i, j): a(i, j) = a(j, i): a(j, i) = t
        Next j
    Next i
    Label2.Caption = ""
    For i = 0 To M                               '该循环用来显示转置后的方阵
        For j = 0 To M
            Label2.Caption = Label2.Caption + CStr(a(i, j)) + " "    '显示一个元素值
        Next j
        Label2.Caption = Label2.Caption + Chr(10) + Chr(13)    '换行
    Next i
End Sub
Private Sub Command3_Click()
    End
End Sub
```

【运行程序】

启动程序后，单击"产生数组"按钮，便在标签1中显示转置前的方阵，单击"计算"按钮，在标签2中显示转置之后的数组元素。单击"结束"按钮结束应用程序。

4.4 动态数组

4.4.1 动态数组的概念

声明数组的目的是为数组开辟所需的内存区域。前面用Dim 语句声明数组时，都同时确定维数和下标，VB编译程序在编译时为它们分配了相应的存储空间，并且在应用程序运行期间内，数组都占有这块内存区域，这样的数组称为定长数组。当数据规模可以预知

时，使用定长数组能够增加程序的可读性和提高程序的执行效率。但有时候，数组该声明为多大，需要在程序运行时才能决定。虽然可以通过声明一个"足够大"的定长数组来满足数据规模的需要，但显然是不经济的。动态数组提供了一种灵活有效的内存管理机制，它在声明时没有给定数组大小（即省略了括号中的下标），能够在程序运行的任何时候用ReDim语句改变数组的大小。使用动态数组的优点是根据用户需要，有效地利用存储空间，它是在程序执行到ReDim语句时才分配存储单元，而静态数组是在程序编译时分配存储单元。

创建动态数组分两步：

（1）说明一个不带下标参数的动态数组。

例如： Dim A () As Integer。

（2）数组操作前用ReDim语句分配数组的元素个数，称为数组重定义。在程序运行中，当执行到ReDim语句时，就把新的上、下界重新分配给数组，数组元素的值将被初始化，所有的数值元素的值被置为0，字符串元素被置为空字符串。其使用格式如下：

ReDim Preserve数组名 (下标)[As(类型)]

说明：

（1）下标可以是常量，也可以是具有确定值的变量，其格式与Dim语句相同。

（2）ReDim语句只能用于动态数组，它可以改变每一维的大小，但不能改变维数。

（3）在同一程序中，ReDim语句可以多次使用。

（4）重新指定数组长度时，数组内原有的数据将会被清除。如果想保留数组原有数据，需要加上"Preserve"关键字。但如果数组是二维以上的数组时，Preserve只能改变最后一维的大小，前面几维不能改变。

（5）ReDim语句只能出现在过程中。

例如： ReDim Preserve A(x+1)。

当不需要再使用某个动态数组时，可以使用"Erase"删除该数组，以释放该数组占用的内存空间，例如：Erase a()。

4.4.2 动态数组的应用

【例4-9】统计输入数据中小于60的整数。

编写一个程序，通过输入框输入数据，要求将其中小于60的整数存放在一个数组a中，然后以每行5个数据进行输出。程序的设计界面如图4-17所示，程序的运行界面如图4-18所示。

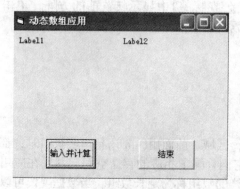

图4-17 程序的设计界面

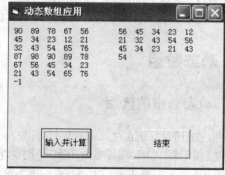

图4-18 程序的运行界面

【分析】

根据题意可知，输入的数据个数是不确定的，所以采用动态数组来实现，通过while循环实现数据的输入，同时判断该数据是否满足要求，如果满足要求，通过ReDim语句改变数组的大小，将对应的数据存储在数组中即可，最后将数组中的元素输出。

【界面设计】

界面中包含的控件以及属性设置如表4-8所示。

表4-8　控件以及属性设置

控件名称	属性名	属性值	控件描述
Label1	Caption	"label1"	显示输入的数据
Label1	Caption	"label2"	显示满足要求的数据
Command1	Caption	"输入数据并计算"	单击按钮输入数据并计算
Command2	Caption	"结束"	单击按钮结束应用程序

【代码】

```
Private Sub Command1_Click()
    Dim a() As Integer                  '声明动态数组
    Dim n As Integer                    '接受用户输入
    Dim s As Integer                    '记录满足条件的数据个数
    Dim i As Integer                    '循环变量
    Dim j As Integer                    '输出控制，每5个元素换行
    n = Val(InputBox("输入一个整数，输入-1结束"))
    Label1.Caption = ""
    j = 1
    Label1.Caption = Label1.Caption & n & " "
    Do While n <> -1                    '当输入是-1时结束输入
        If n < 60 Then                  '当输入的数据小于60时，将对应的数据保存到数组中
            s = s + 1
            ReDim Preserve a(s)         '重定义数组并保留之前的数据
            a(s) = n
        End If
        n = Val(InputBox("输入一个整数，输入-1结束"))
        Label1.Caption = Label1.Caption & n & " "
        j = j + 1
        If j Mod 5 = 0 Then             '每行输出5个元素
            Label1.Caption = Label1.Caption + Chr(13) + Chr(10)
        End If
    Loop
    Label2.Caption = ""
    For i = 1 To s                      '通过循环输出数组中的元素
        Label2.Caption = Label2.Caption & a(i) & " "
        If i Mod 5 = 0 Then
            Label2.Caption = Label2.Caption + Chr(13) + Chr(10)
        End If
    End If
```

```
    Next i
End Sub
Private Sub Command2_Click()
    End
End Sub
```

【运行程序】

启动程序后，单击"输入与计算"按钮便在标签1中显示输入的数据，当输入−1时便结束数据输入，并在标签2中显示满足条件的数据。单击"结束"按钮结束应用程序。

4.5　控件数组

控件数组为我们处理功能相近的控件提供了极大的方便。

4.5.1　控件数组的概念

当界面上需要若干个控件执行大致相同的操作时，控件数组很有用。控件数组是由一组类型相同的控件组成的数组，这些控件共用一个相同的控件名，共享相同事件过程。例如假定一个控件数组含有3个命令按钮，则不管单击哪一个按钮，都会调用同一个Click事件过程。控件数组一方面使得程序简洁、令代码易于维护，另一方面能使程序具有灵活性，科学地利用控件数组可使编程工作的效率更高。

控件数组中每一个元素都有唯一与之相关联的下标，或称索引（Index）。下标值由Index属性指定。由于一个控件数组中各个元素共享Name（名称）属性，所以Index属性与控件数组的某个元素有关。也就是说，控件数组的名字由Name属性指定，而数组的每个元素由Index属性指定。与普通数组一样，控件数组的下标也放在圆括号中，如Option(0)。

为了在事件过程中区分控件数组中的各个元素，VB会把表示元素的下标值Index传送给事件过程。为此，VB会在事件过程中加入一个下标参数Index。例如在窗体上建立包含两个命令按钮的控件数组cmdTest，其Click()事件过程为：

```
Private Sub cmdTest_Click(Index As Integer)
    …
End Sub
```

在事件过程中，通过判断参数Index值即可知道用户按下了哪个按钮，因而也就可以对该按钮编程。

例如：

```
Private Sub cmdTest_Click(Index As Integer)
    …
    If Index=1 Then
        Print "你按下的是第2个按钮。"
    End If
    …
End Sub
```

上例表示若用户单击了Index属性为1（即第二个）的按钮，则在窗体上打印"你按下的是第2个按钮。"的信息。

4.5.2 控件数组的建立

控件数组的建立与一般数组的声明不同，通常有以下两种方法：

第一种方法，在设计阶段于窗体界面上进行交互式界面设计，通过相同的Name属性值来建立，其步骤如下：

（1）在窗体上画出作为数组元素的第一个控件。

（2）单击要包含到数组中的某个控件，将其激活。

（3）在属性窗口选择Name（名称）属性，并在设置框中键入控件的名称。

（4）右击该控件，在快捷菜单上选择"复制"，然后再一次右击，并选择"粘贴"，此时VB会弹出一个对话框，如图4-19，询问是否要建立控件数组。此时单击对话框中的"是"，确认建立控件数组。重复"粘贴"操作，直到达到所需数组元素个数为止。

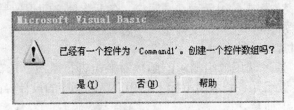

图4-19 确认创建控件数组对话框

控件数组建立以后，只要改变其中某个控件的Name属性值，就能把该控件从控件数组中删除。

第二种添加、删除控件数组元素的方法是在程序代码中使用Load和UnLoad方法，具体步骤如下：

（1）在窗体上画出作为数组元素的控件，设置其Name（名称）属性，并将Index属性值置为0，作为第一个控件。

（2）用Load方法添加控件数组中的其他元素，格式为：

Load 控件数组名（i）

其中，i为第i个控件数组元素下标（即其Index值）。

（3）如果需要，可用"UnLoad 控件数组名（i）"删除第i个已添加的控件数组元素。

4.6 与数组操作有关的几个函数

1）求数组指定维数的上界、下界

在程序中若要获得数组的上界、下界，以保证访问的数组元素在合法的范围内，可以用LBound函数与UBound函数来确定一个数组某一维的下界和上界。格式如下：

LBound（<数组名>[, <N>]）

UBound（<数组名>[, <N>]）

说明：

（1）<数组名>是必需的，表示数组变量的名称。

（2）<N>是可选的，一般是整型变量或常量。指定返回哪一维的上界或下界。1代表第一维，2代表第二维，等等，如果省略，默认是1。

例如：

L=LBound（b,1）　　　U=UBound（b,2）

2）Array函数

给数组中的各元素赋予相同的值（如初始化时），通常用循环来实现，方便、快捷。若要对数组中各元素赋给不同的值，则可采用通过InputBox（）函数从键盘上接收等方法，但这些方法都要占用运行时间，影响效率。为此，VB提供了Array函数，利用该函数可以使数组在编译阶段（程序运行之前）赋值。

Array函数的使用可以将一个数据集读入某个数组中，其使用格式：

数组名=Array（数组元素值列表）

说明：

（1）数组名是在此前声明的数组名称。

（2）元素值列表与相应数组元素一一对应，各元素值之间用逗号分隔。

（3）在此前对数组的声明只是变体型的动态数组。

【例4-10】数组常用函数应用。

编写一个程序，通过调用数组相应的函数对数组进行赋值、求数组的下标上界和下界，并在标签中显示数组元素和数组下标上界和下界。程序的设计界面如图4-20所示，程序的运行界面如图4-21所示。

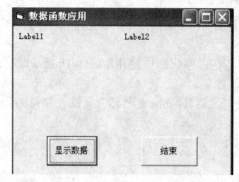 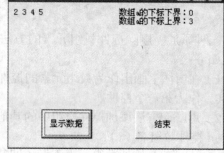

图4-20　程序的设计界面　　　　图4-21　程序的运行界面

【分析】

根据题意可知，先定义动态数组，利用Array对数组进行赋值，之后利用LBound和UBound函数求数组下标上界和下界。

【界面设计】

界面中包含的控件以及属性设置如表4-9所示。

表4-9　控件以及属性设置

控件名称	属性名	属性值	控件描述
Label1	Caption	"label1"	显示数组元素
Label2	Caption	"label2"	显示数组下标上界和下界
Command1	Caption	"显示数据"	单击按钮输入数据并计算
Command2	Caption	"结束"	单击按钮结束应用程序

【代码】

```
Private Sub Command1_Click()
    Dim a(), i As Integer
    a = Array(2, 3, 4, 5)
    Label1.Caption = ""
    For i = LBound(a) To UBound(a)
        Label1.Caption = Label1.Caption & a(i) & " "
    Next i
    Label2.Caption = "数组a的下标下界: " & LBound(a) & Chr(13) & Chr(10) & "数组a的下标上界:" &
                    UBound(a)
End Sub
Private Sub Command2_Click()
    End
End Sub
```

【运行程序】

启动程序后，单击"显示数据"按钮，便在标签1中显示数组，在标签2中显示数组下标的下界和上界。单击"结束"按钮结束应用程序。

4.7　本章小结

（1）数组是具有一定顺序关系的若干相同类型变量的命名集合体。组成数组的变量称为该数组的元素，数组中数组元素的个数称之为数组长度（或数组大小）。数组可以只用一个数组名代表逻辑上相关的一批数据，为程序处理数据、简化程序书写带来好处。

（2）VB可支持多达60维数组，但多于三维的情况并不多见。

（3）和简单变量一样，数组也必须先声明后使用，声明数组即是说明数组名、类型、维数和数组大小。VB使用Dim语句声明数组。

（4）数组的初始化，就是给数组中的各元素赋初值。

（5）动态数组提供了一种灵活有效的内存管理机制，它在声明时没有给定数组大小（即省略了括号中的下标），能够在程序运行的任何时候用ReDim语句改变数组的大小。在重定义动态数组时，若要保留原有元素值，需使用Preserve关键字。

（6）Array函数可以将一个数据集读入某个动态变体型数组中。

（7）控件数组是由一组类型相同的控件组成的数组，这些控件共用一个相同的控件名，共享相同的事件过程。在事件过程中通过Index参数来区分不同的控件数组元素。

（8）建立控件数组与一般数组的声明不同，通常有以下两种方法：设计时，用"复制"、"粘贴"控件的方法生成；或在程序中用"Load/Unload"来添加或删除控件数组元素。

（9）利用数组可以实现许多常用算法，如数据查找、元素的插入与删除、排序及矩阵运算等。

4.8　习题4

一、选择题

（1）用下面语句定义的数组的元素个数是(　　)。

Dim A(-3 To 5) As Integer

A. 6　　　　　　　　B. 7　　　　　　　　C. 8　　　　　　　　D. 9

（2）窗体上画一个命令按钮(其Name属性为Command1)，然后编写如下代码：

```
Option Base 1
Private sub command1_click()
    dim a(4,4)
    for i=1 to 4
      for j=1 to 4
        a(i,j)=(i-1)*3+j
      next j
    next i
    for i=3 to 4
      for j=3 to 4
        print a(j,i);
      next j
      print
    next i
End sub
```

程序运行后，单击命令按钮，其输出结果为(　　)。

A. 6　9　　　　B. 7　9　　　　C. 8　11　　　　D. 9　12

　　7　10　　　　　　8　11　　　　　　9　12　　　　　　10　13

（3）如下数组声明语句中，数组A包含元素的个数为(　　)。

Dim A(3,-2 to 2,5)

A. 120　　　　　B. 75　　　　　C. 60　　　　　D. 13

（4）以下程序输出结果是(　　)。

```
Option Base 1
Private Sub Command1_click()
    Dim a%(3, 3)
    For i = 1 To 3
      For j = 1 To 3
        If j > 1 And i > 1 Then
```

```
        a(i, j) = a(a(i - 1, j - 1), a(i, j - 1)) + 1
      Else
        a(i, j) = i * j
      End If
      Print a(i, j); "";
    Next j
  Print
  Next i
End Sub
```

A. 1 2 3   B. 1 2 3   C. 1 2 3   D. 1 1 1

   2 3 1   1 2 3   2 4 6   2 2 2

   3 2 3   1 2 3   3 6 9   3 3 3

（5）可以唯一标识控件数组中的每一个控件的属性是（   ）。

A. Name   B. Caption   C. Index   D. Enabled

（6）已知有如下数组定义语句：

Dim Arr(4,5) As Integer

则以下ReDim语句不正确的是（   ）。

A. ReDim Arr(2,3)   B. ReDim Preserve Arr(3,3)

C. ReDim Preserve Arr(4,6)   D. ReDim Preserve Arr(4,9)

二、填空题

（1）已知有如下语句：

Dim a(4,4) As Integer

在默认的情况下，该数组有_____个元素，最后一个元素为_____。

（2）在VB6.0中，数组元素的下标默认是从_____开始。

（3）已知有如下语句：

Dim a(4) As Integer

现在希望改变数组元素个数为10，且保留数组中原有元素的值，应该执行的语句为_____。

（4）已知数组a是二维数组，在程序中要获取该数组第二维的下标上界和第一维下标的下界分别使用_____和_____语句。

（5）在以下的程序代码中，使用二维数组A表示矩阵，其功能是使对角线上的元素值全部为0，其余元素全为1，请补全程序。

```
Private Sub Command1_Click()
  Dim a(3, 3) As Integer
  For i = 0 To 3
    For j = 0 To 3
      _____ = 1                    '先将所有元素赋值为1
```

```
    Next j
    _____ = 0                          '将对角线上的元素赋值为0
    _____ = 0
  Next i
End Sub
```

三、编程题

（1）利用随机函数产生两位数，形成一个6×6的整数方阵A，求：

① 求出其上三角元素和下三角元素（不包括对角线）的和。

② 求主对角线元素之和，求次对角线元素之和。

③ 求靠边元素的和。

④ 取出不靠边元素生成一个新的方阵B。

（2）把14插入到有序数列1,4,7,10,13,16,19,22,25,28中，插入后数组为：1,4,7,10,13,14, 16,19,22,25,28。

提示：首先找到需要插入元素的位置，之后将其后面的所有元素向后移位。

（3）把13从有序数列1,4,7,10,13,16,19,22,25,28中删除，删除后数组为：1,4,7,10,16,19,22,25,28。

（4）定义一个具有十个元素的一维数组，给它的每一个元素赋一个随机数，然后求出该数组所有元素之和、元素平均值以及比平均值大的元素个数和比平均值小的元素个数，要求所有信息通过文本框显示。

（5）编写程序，统计4×6二维数组中奇数的个数和偶数的个数，要求所有信息通过标签显示。

第5章 过程与函数

在前面的章节中，我们使用系统提供的事件过程和内部函数进行程序设计。事实上，VB允许用户定义自己的过程和函数。用户使用自定义过程和函数，不仅能够提高代码的利用率，并且使得程序结构更为清晰、简洁，便于调试和维护。

本章要点

- 掌握定义、调用子过程和函数的方法。
- 理解参数传递中传值和传址的不同含义，了解数组参数的传递。
- 知道过程和变量的作用域。
- 了解键盘和鼠标的各种事件。
- 能够灵活运用本章学习的内容进行程序设计。

5.1 过程概述

过程是用来执行一个特定任务的一段程序代码。

VB中有两类过程：

1）由系统提供的内部函数过程和事件过程

事件过程是构成VB应用程序的主体。在前面的学习中，我们已经接触到很多事件过程，如窗体和按钮的Click事件过程、文本框的Change事件过程等。

2）用户根据自己的需要定义自定义过程，供事件过程多次调用

将程序分割成较小的逻辑部件就可以简化程序设计任务。称这些部件为过程，它们可以变成增强和扩展 Visual Basic 的构件。

过程可用于压缩重复任务或共享任务，例如，压缩频繁的计算、文本与控件操作和数据库操作。

用过程编程有两大好处：

（1）过程可使程序划分成离散的逻辑单元，每个单元都比无过程的整个程序容易调试。

（2）一个程序中的过程，往往不必修改或只需稍作改动，便可以成为另一个程序的构件。

本章介绍下列两种过程：

（1）Sub 过程不返回值。

（2）Function 过程返回值。

5.2 Sub过程

在VB中有两种Sub过程，即事件过程和自定义过程（也称通用过程）。

5.2.1 事件过程

当 Visual Basic 中的对象对一个事件的发生作出认定时，便自动用相应的事件的名字调用该事件的过程。因为名字在对象和代码之间建立了联系，所以说事件过程是附加在窗体和控件上的。

一个控件的事件过程将控件的（在 Name 属性中规定的）实际名字、下划线 (_) 和事件名组合起来。例如，如果希望在单击了一个名为 cmdPlay 的命令按钮之后，这个按钮会调用事件过程，则要使用 cmdPlay_Click 事件过程。

一个窗体事件过程将词汇 "Form"、下划线和事件名组合起来。如果希望在单击窗体之后，窗体会调用事件过程，则要使用 Form_Click 事件过程（和控件一样，窗体也有唯一的名字，但不能在事件过程的名字中使用这些名字）。如果正在使用 MDI 窗体，则事件过程将词汇 "MDIForm"、下划线和事件名组合起来，如 MDIForm_Load。

事件过程的定义格式如下。

1）格式

Private Sub 对象名_事件名 ([<形式参数列表>])

　　语句块

End Sub

2）功能

建立一个事件过程。

3）说明

（1）一个对象的事件过程名前都有一个 "Private" 关键字，这表示该事件过程只能在定义的模块中被调用，在模块之外不能被调用，即它的使用范围是模块级的。

（2）事件过程名是由对象的实际名称（Name属性值）、下划线和事件名组合而成的。其中事件名是VB为某对象能触发的事件所规定的名称，不能自己命名，如Click、Load的事件过程。

（3）"形式参数列表"表示该事件过程所具有的参数个数和参数类型，由VB系统的事件本身所决定，用户不能随意添加，如Load事件过程就没有参数。

虽然可以自己编写事件过程，但使用 Visual Basic 提供的代码过程会更方便，这个过程自动将正确的过程名包括进来。从"对象框"中选择一个对象，从"过程框"中选择一个过程，就可在"代码编辑器"窗口选择一个模板。

在VB中，建立事件过程的一般方法，其操作如下。

打开"代码编辑器"窗口。

在"代码编辑器"窗口的上方有两个列表框，分别为"对象"列表框和"事件过程"列表框。

在"对象"列表框中选择一个对象，如选择Command1，如图5-1所示。

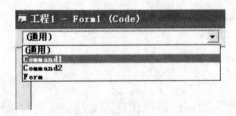

图5-1　选择对象

在"事件"过程列表框中选择一个事件过程，如选择Click，如图5-2所示。

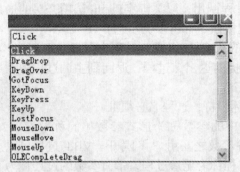

图5-2 选择事件过程

选择事件过程后，就会在代码窗口中自动产生该事件过程的模板，如图5-3所示。此时就可以在插入点处编写在发生Command1_Click事件时应该执行的代码。

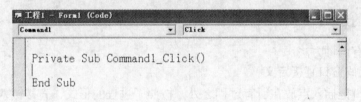

图5-3 产生的事件过程模板

> 注意：
>
> 在开始为控件编写事件过程之前先设置控件的 Name 属性，这不失为一个好主意。如果对控件附加一个过程之后又更改控件的名字，那么也必须更改过程的名字，以符合控件的新名字。否则，Visual Basic 无法使控件和过程相符。过程名与控件名不符时，事件过程就成为通用过程。

5.2.2 自定义过程（Sub过程）

自定义过程（即通用过程）告诉应用程序如何完成一项指定的任务。一旦确定了通用过程，就必须专由应用程序来调用。反之，直到为响应用户引发的事件或系统引发的事件而调用事件过程时，事件过程通常总是处于空闲状态。

为什么要建立通用过程呢？理由之一就是，几个不同的事件过程也许要执行同样的动作。将公共语句放入一个分离开的过程（通用过程）并由事件过程来调用它，诚为编程上策。这样一来就不必重复代码，也容易维护应用程序。

1）格式

[Private|Public][Static]Sub 过程名(形式参数列表)

语句块

End Sub

2）功能

建立一个由"过程名"标识的通用过程。

3）说明

（1）在Sub和End Sub之间是描述过程操作的一段程序，称为过程体。

（2）以关键字Private开头的通用过程是模块级的（私有的）过程，只能被本模块内的事件过程或其他通用过程调用，以关键字Public选项开头的通用过程是公有的或全局的过程，在应用程序的任何模块中都可以调用它。

（3）过程体由合法的VB语句组成，过程中可以含有多个"Exit Sub"语句，程序执行到"Exit Sub"语句时提前退出该过程，返回到主调过程中调用该过程语句的下一条语句。

（4）"过程名"是标识符，过程名必须唯一。

（5）"参数列表"中的参数称为形式参数（简称形参），它可以是变量名或数组名。若有多个参数时，各参数之间用"，"隔开。VB的过程可以没有参数，但一对括号不可以省略，不含参数的过程称为无参过程，带有参数的过程称为有参过程。

参数的定义形式：[ByVal|ByRef]变量名[()][As 类型][,….],

ByVal表示当该过程被调用时，参数是按值传递的；默认或ByRef表示当该过程被调用时，参数是按地址传递的。

5.2.3 过程的建立

定义过程有两种方法：

1）利用代码窗口直接定义

在代码窗口把插入点放在所有过程之外，按照子过程的形式，直接输入即可。

2）使用"添加过程"对话框进行定义

步骤如下：

（1）切换到代码窗口。

（2）选择"工具"菜单下的"添加过程"命令，弹出"添加过程"对话框，如图5-4所示。

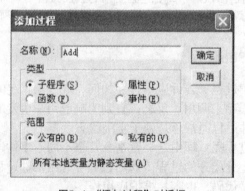

图5-4 "添加过程"对话框

（3）在"名称"框中输入过程名，例如输入过程名为"Add"。

（4）在"类型"组中选取"子过程"。

（5）在"范围"组中选取"公有的"定义一个公共的全局过程或选取"私有的"定义一个局部过程。

（6）单击"确定"按钮，完成对子过程的定义。此时，代码窗口中会自动出现子过程的代码框架。在代码窗口中会出现以下代码：

```
Public Sub Add()
End Sub
```

可以在子过程的代码框架中添加语句，以完成相应的功能。

5.2.4　过程调用

要执行一个子过程，必须先调用该子过程。

每次调用通用过程都会执行 Sub 和 End Sub 之间的过程体。可以将通用过程放入标准模块、类模块和窗体模块中。按照缺省规定，所有模块中的通用过程为 Public（公用的），这意味着在应用程序中可随处调用它们。

与函数过程不同，在表达式中，Sub 过程不能用其名字调用。调用 Sub 过程的是一个独立的语句。Sub 过程还有一点与函数不一样，它不会用名字返回一个值。但是，与 Function 过程一样，Sub 过程也可以修改传递给它们的任何变量的值。

子过程的调用有两种方式：

1）使用 Call 语句

格式：Call 过程名[（实参列表）]

举例：Call　Add(a,b,c)

2）直接使用过程名

格式：过程名{实参列表}

举例：Add a,b,c

调用方式的说明：

（1）"实参列表"中的实参必须与形参保持个数相同，位置与类型一一对应。

（2）实参可以是常量、变量、表达式。

（3）参数与过程名之间用空格隔开，参数与参数之间用逗号隔开。

（4）调用子过程时，会把实参的值传递给形参，称为参数传递。

（5）当使用 Call 语法时，过程后的参数必须加括号，参数必须在括号内。

（6）若省略 Call 关键字，则也必须省略参数两边的括号，参数跟在过程名后面。

5.2.5　过程应用

【例5-1】利用通用过程输出两个数中最大值。

编写一个程序，通过输入框输入两个整数，之后调用过程在窗体上输出两个数中较大值。程序的设计界面如图5-5所示，程序的运行界面如图5-6所示。

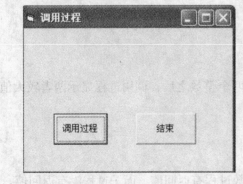

图5-5　程序的设计界面

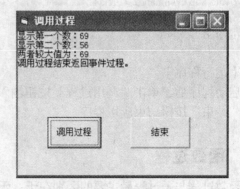

图5-6　程序的运行界面

【分析】

通过编写通用过程pmax，来实现输出两个整数中的较大值，在通用过程内进行比较判断，最后在窗体上输出显示结果。

【界面设计】

界面中包含的控件以及属性设置如表5-1所示。

表5-1　控件以及属性设置

控件名称	属性名	属性值	控件描述
Command1	Caption	"调用过程"	单击按钮输入数据调用过程
Command2	Caption	"结束"	单击按钮结束程序

【代码】

```
Private Sub pmax(a As Integer, b As Integer)
    Dim max As Integer                          '存储较大值
    If a > b Then                               '比较两者较大值
        max = a
    Else
        max = b
    End If
    Print "两者较大值为： " & max
End Sub
Private Sub Command1_Click()
    Dim m As Integer                            '存数第一个数
    Dim n As Integer                            '存数第二个数
    m = InputBox("输入第一个数的值： ")
    n = InputBox("输入第二个数的值： ")
    Print "显示第一个数： " & m
    Print "显示第二个数： " & n
    pmax m, n                                   '调用通用过程
    Print "调用过程结束返回事件过程。"
End Sub
Private Sub Command2_Click()
    End
End Sub
```

【运行程序】

启动程序后，单击"调用过程"按钮输入两个整数之后，调用过程显示两者较大值。单击"结束"按钮结束应用程序。

5.3　函数过程

函数过程与子过程最主要的区别在于：函数过程有返回值，而子过程没有返回值。

函数过程是自定义过程的另一种形式。当过程的执行需要返回一个值时，使用函数

过程比用子过程更加简单方便。VB提供了许多内部函数，如Sin()、Sqr()等，在编写程序时，只需写出函数名和相应的参数，就可以得到函数值。在编程时，可以像调用内部函数一样来使用函数过程，不同之处在于函数过程所实现的功能是用户自己编写的。

5.3.1 函数过程定义

1）格式

[Public | Private] [Static] Function 函数名 ([参数列表]) [As 类型]

    [语句块]

    [函数名 = 返回值]

    [Exit Function]

    [语句块]

    [函数名 = 返回值]

End Function

Function 语句的语法包含下面部分：

（1）Public：可选的。表示所有模块的所有其他过程都可访问这个 Function过程。如果是在包含 Option Private 的模块中使用，则这个过程在该工程外是不可使用的。

（2）Private：可选的。表示只有包含其声明的模块的其他过程可以访问该 Function 过程。

（3）Static：可选的。表示在调用之前将保留 Function 过程的局部变量值。Static 属性对在该 Function 外声明的变量不会产生影响，即使过程中也使用了这些变量。

（4）函数名：必需的。Function 的名称遵循标准的变量命名约定。

（5）参数列表：可选的。代表在调用时要传递给 Function 过程的参数变量列表。多个变量应用逗号隔开，形参的定义与子过程完全相同。

（6）类型：可选的。Function过程的返回值的数据类型可以是VB支持的任意数据类型，若省略，则函数返回变体类型值（Variant）。

（7）语句块：可选的。在 Function 过程中执行的任何语句组。

（8）返回值：可选的。Function 的返回值。

2）说明

（1）如果没有使用 Public、Private 显式指定，则 Function 过程缺省为公用。如果没有使用 Static，则局部变量的值在调用之后不会保留。

（2）所有的可执行代码都必须属于某个过程。不能在另外的 Function、Sub 过程中定义 Function 过程，即过程的定义不能嵌套。

（3）Exit Function 语句使执行立即从一个 Function 过程中退出。程序接着从调用该 Function 过程的语句之后的语句执行。在 Function 过程的任何位置都可以有 Exit Function 语句。

（4）Function过程与 Sub过程的相似之处是：Function过程是一个可以获取参数、执行一系列语句，以及改变其参数值的独立过程，而与子过程不同的是：当要使用该函数的返回值时，可以在表达式的右边使用 Function过程。这与内部函数，诸如 Sqr、Cos 或 Chr 的使用方式一样。

（5）在表达式中，可以通过使用函数名，并在其后用圆括号给出相应的参数列表来调用一个 Function过程。

5.3.2 函数调用

通常，调用自定义函数过程的方法和调用VB内部函数过程的方法一样，即在表达式中写上它的名字。

1）格式

函数名（实参列表）

2）说明

在调用时实参和形参的数据类型、顺序、个数必须匹配。函数调用只能出现在表达式中，其功能是求得函数的返回值。

5.3.3 函数应用

【例5-2】编写一个函数过程求一个整数的各位之和。

编写一个程序，当程序启动后输入一个整数，调用函数过程计算该整数各位之和，并在窗体上显示结果。程序的设计界面如图5-7所示，程序的运行界面如图5-8所示。

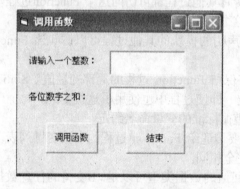

图5-7　程序的设计界面

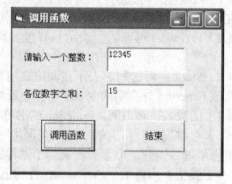

图5-8　程序的运行界面

【分析】

求整数的各位之和算法跟前面第3章介绍的算法相同，在本例中程序启动后，通过输入框输入整数，调用函数过程sum来实现求解过程，最后在窗体上输出显示结果。

【界面设计】

界面中包含的控件以及属性设置如表5-2所示。

表5-2　控件以及属性设置

控件名称	属性名	属性值	控件描述
Command1	Caption	"调用函数"	单击按钮输入数据调用函数
Command2	Caption	"结束"	单击按钮结束程序

【代码】

```
Public Function sum(ByVal k As Integer) As Integer          '求整型形参k的位数和
    Dim s As Integer, r As Integer
    s = 0
```

```
        Do While k                          '此循环求k的位数和存放在s中
            r = k Mod 10
            s = s + r
            k = k \ 10
        Loop
        sum = s                             '返回计算结果
    End Function
    Private Sub Command1_Click()
        Dim n, s As Integer                 'n存放任意整数，s存放整数的各位数字和
        n = Int(Val(Text1.Text))            '获取一个任意整数
        s = sum(n)                          '求得该整数的各位数字和
        Text2.Text = CStr(s)                '显示该整数的各位数字和
    End Sub
    Private Sub Command2_Click()
        End
    End Sub
```

【运行程序】

启动程序后，单击"调用函数"按钮输入一个整数之后，调用函数过程显示求解结果，单击"结束"按钮结束应用程序。

5.4 过程之间参数传递

过程中的代码通常需要某些关于程序状态的信息才能完成它的工作。信息包括在调用过程时传递到过程内的变量。当将变量传递到过程时，称变量为参数。

主调过程在调用被调过程时，需要把实际的数据作为实际参数传递给被调过程的形式参数，这个过程称为参数传递。需注意的是，过程调用时实际参数的个数、类型和含义应与形式参数的个数、类型和含义一致。

5.4.1 参数的数据类型

过程的参数被缺省为具有 Variant 数据类型。不过，也可以声明参数为其他数据类型。例如，下面的函数接受一个字符串和一个整数：

```
Function WhatsForLunch(WeekDay As String, Hour As Integer) As String
    '根据星期几和时间，返回午餐菜单。
    If WeekDay = "Friday" then
        WhatsForLunch = "Fish"
    Else
        WhatsForLunch = "Chicken"
    End If
    If Hour > 4 Then WhatsForLunch = "Too late"
End Function
```

5.4.2 参数传递

在VB中参数传递有两种方式：按值传递和按引用传递（按地址传递）。另外，在VB中还有可选参数和参数数组。下面一一介绍。

1）按值传递参数

在VB中，用 ByVal 关键字指出参数是按值来传递的。按值传递参数时，传递的只是变量的副本。如果过程改变了这个值，则所作变动只影响副本而不会影响变量本身。

按值传递参数是一种单方向传递，即实参的值能够传给形参，但形参的改变却无法影响到实参。

【例5-3】编写一个通用过程实现将两个数互换，其中过程参数传递是按值传递。

编写一个程序，当程序启动后，在文本框中输入两个整数，调用通用过程实现将两个数进行互换。程序的设计界面如图5-9所示，程序的运行界面如图5-10所示。

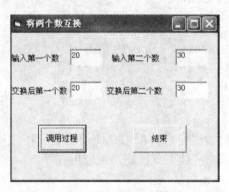

图5-9　程序的设计界面　　　　　　　图5-10　程序的运行界面

【分析】

本例中在文本框中输入两个数据，调用通用过程将两整数互换，通用过程参数传递是按值传递，调用结束将交换的结果显示在另外的文本框中。

【界面设计】

界面中包含的控件以及属性设置如表5-3所示。

表5-3　控件以及属性设置

控件名称	属性名	属性值	控件描述
Text1	Text	""	显示输入第一个数
Text2	Text	""	显示输入第二个数
Text3	Text	""	显示交换之后第一个数
Text4	Text	""	显示交换之后第二个数
Command1	Caption	"调用过程"	单击按钮调用过程
Command2	Caption	"结束"	单击按钮结束程序

【代码】

```
Private Sub Swap(ByVal a As Integer, ByVal b As Integer)    '该过程试图把a和b的值交换过来
    Dim t As Integer                                       '中间变量
    t = a: a = b: b = t
```

```
End Sub
Private Sub Command1_Click()
    Dim x As Integer, y As Integer              '存放输入的两个数
    x = Val(Text1.Text): y = Val(Text2.Text)    '获取输入的两个数
    Swap x, y                                   '调用通用过程试图把两数交换
    Text3.Text = CStr(x): Text4.Text = CStr(y)  '显示交换后的两个数
End Sub
Private Sub Command2_Click()
    End
End Sub
```

【运行程序】

启动程序后，在文本框中分别输入需要交换的数据，单击"调用函数"按钮，调用函数过程实现将两个数交换，并将交换的结果显示在另外两个文本框中，单击"结束"按钮结束应用程序。

【结论】

通过上面的例子可以看到，形参a和b的变化不会影响实参x和y的值，只是将实参的值传递给了形参，之后形参和实参没有任何联系，即实参和形参对应不同的内存空间。

2）按引用传递参数

在VB中，用 ByRef 关键字指出参数是按引用来传递的。在调用一个过程时，如果是按引用方式进行参数传递，则会将实参的内存地址传递给形参，即让形参和实参使用相同的内存单元。因此，在被调过程中对形参的任何操作都变成了对相应实参的操作，实参的值就会随形参的改变而改变，因此按引用传递参数这种方式是双向的。

按引用传递参数在 Visual Basic 中是缺省的，是默认的参数传递方式。

注意：

当参数是数组时或要将过程中的结果返回给主调程序时，只能采用按引用方式传递参数。

【例5-4】编写一个通用过程实现将两个数互换，其中过程参数传递是按引用传递。

编写一个程序，当程序启动后在文本框中输入两个整数，调用通用过程实现将两个数进行互换。程序的设计界面如图5-11所示，程序的运行界面如图5-12所示。

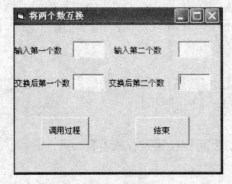

图5-11 程序的设计界面

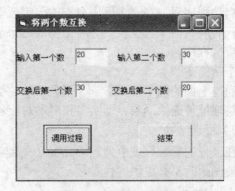

图5-12 程序的运行界面

【分析】

本例中在文本框中输入两个数据，调用通用过程将两整数互换，通用过程参数传递是按引用传递（按地址传递），调用结束将交换的结果显示在另外的文本框中。

【界面设计】

界面中包含的控件以及属性设置如表5-4所示。

表5-4　控件以及属性设置

控件名称	属性名	属性值	控件描述
Text1	Text	""	显示输入第一个数
Text2	Text	""	显示输入第二个数
Text3	Text	""	显示交换之后第一个数
Text4	Text	""	显示交换之后第二个数
Command1	Caption	"调用过程"	单击按钮调用过程
Command2	Caption	"结束"	单击按钮结束程序

【代码】

```
Private Sub Swap(ByRef a As Integer, ByRef b As Integer)    '该过程试图把a和b的值交换过来
    Dim t As Integer                                        '中间变量
    t = a: a = b: b = t
End Sub
Private Sub Command1_Click()
    Dim x As Integer, y As Integer                          '存放输入的两个数
    x = Val(Text1.Text): y = Val(Text2.Text)                '获取输入的两个数
    Swap x, y                                               '调用通用过程试图把两数交换
    Text3.Text = CStr(x): Text4.Text = CStr(y)             '显示交换后的两个数
End Sub
Private Sub Command2_Click()
    End
End Sub
```

【运行程序】

启动程序后，在文本框中分别输入需要交换的数据，单击"调用函数"按钮，调用函数过程实现将两个数交换，并将交换的结果显示在另外两个文本框中，单击"结束"按钮结束应用程序。

【结论】

通过上面的例子可以看到，形参a和b的变化也会影响实参x和y的值，在调用过程时，实参将地址传递给形参，即实参和形参对应着同一个内存空间。

3）可选参数

在过程的参数列表中列入 Optional 关键字，就可以指定过程的参数为可选的，并且在过程被调用时不必提供过程参数。

（1）格式：

Optional ByVal|ByRef 参数名 As 数据标识符 = 默认值

调用带有可选参数的过程时，可以选择是否提供该参数，如果不提供，过程将使用为该参数声明的默认值。当省略参数列表中的一个或多个可选参数时，使用连续的逗号来标记它们的位置。下面的调用示例提供了第一个和第四个参数，省略了第二个和第三个可选参数：

Call Add(a,,,d)　　　　　　　　　　　'省略了第二个和第三个可选参数

（2）功能：

使用Optional关键字可以指定过程中的参数为可选的。

（3）说明：

① 如果指定了可选参数，则参数表中此参数后面的其他参数也必是可选的，并且要用 Optional 关键字来声明。

② 过程定义中的每个可选参数都必须指定默认值。

③ 可选参数的默认值必须是一个常量表达式。

【例5-5】编写一个函数过程求所有参数平方和，其中参数为可选参数。

编写程序，通过调用函数来求参数平方和，其中函数的参数是可选参数，程序根据不同的调用格式将结果显示出来，程序说明了可选参数应用。程序的设计界面如图5-13所示，程序的运行界面如图5-14所示。

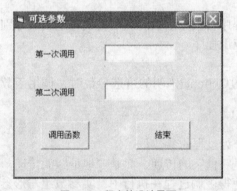

图5-13　程序的设计界面

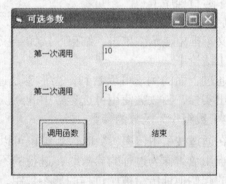

图5-14　程序的运行界面

【分析】

本例中编写函数过程，其中可选参数用Optional关键字声明，通过按钮的事件过程调用该函数，将函数的返回值在文本框中显示。

【界面设计】

界面中包含的控件以及属性设置如表5-5所示。

表5-5　控件以及属性设置

控件名称	属性名	属性值	控件描述
Text1	Text	""	显示第一次调用函数结果
Text2	Text	""	显示第二次调用函数结果
Command1	Caption	"调用过程"	单击按钮调用过程
Command2	Caption	"结束"	单击按钮结束程序

【代码】

```
    Private Function sum(Optional ByVal a As Integer = 0, Optional ByVal b As Integer = 0, Optional ByVal c
As Integer = 0) As Long
        sum = a * a + b * b + c * c
    End Function
    Private Sub Command1_Click()
        Dim x As Integer, y As Integer, z As Integer        '三个参数
        Dim s As Long                                        '存储函数返回值
        x = 1: y = 2: z = 3                                  '对x、y、z赋值
        s = sum(x, , z)                                      '调用函数，第二个参数采用可选参数
        Text1.Text = CStr(s)                                 '显示函数返回值
        s = sum(x, y, z)                                     '调用函数
        Text2.Text = CStr(s)                                 '显示函数返回值
    End Sub
    Private Sub Command2_Click()
        End
    End Sub
```

【运行程序】

启动程序后，单击"调用函数"按钮，程序会根据函数的调用格式将返回值分别在对应的文本框中显示。单击"结束"按钮结束应用程序。

【结论】

通过上面的例子可以看到，当形参是通过Optional声明的可选参数时，调用函数时没有给出实参，函数会使用可选参数中的默认值。

4）数组作为函数的参数

在通过按引用传递参数时，数组也可以作为过程的参数。

当用数组作为过程的参数时，进行的不是"值"的传递，而是"地址"的传递，即将数组的起始地址传给被调过程的形参数组，使得被调过程在执行中，实参数组与形参数组共享一组存储单元。此时对形参数组操作，就等于对实参数组操作，所以被调过程中对形参数组的任何改变都将带回给实参数组。

说明：

① 在定义过程时，形参列表中的数组参数用数组名后跟一对空的圆括号表示。

② 在调用过程时，实参列表中的数组参数可以只用数组名表示，省略圆括号，但为了增强程序的可读性，建议不要省略括号。

③ 可以在被调过程中使用LBound和UBound求出数组的上界和下界。

④ 当用数组作为参数时，对应的实参必须也是数组，且类型一致。

【例5-6】利用函数求数组所有元素之和。

编写一个函数过程求数组各个元素之和，并将数组元素以及求和结果在文本框中显示出来。程序的设计界面如图5-15所示，程序的运行界面如图5-16所示。

【分析】

数组作为参数传递时，可以通过LBound和UBound函数来求出数组下标的上界和下界，采用循环便可以对数组元素进行相应操作。

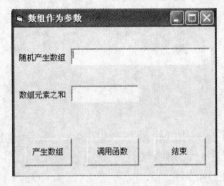

图5-15 程序的设计界面

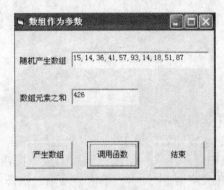

图5-16 程序的运行界面

【界面设计】

界面中包含的控件以及属性设置如表5-6所示。

表5-6 控件以及属性设置

控件名称	属性名	属性值	控件描述
Text1	Text	""	显示随机产生的数组元素
Text2	Text	""	显示所有数组元素之和
Command1	Caption	"产生数组"	单击按钮产生随机数组
Command2	Caption	"调用函数"	单击按钮调用函数
Command3	Caption	"结束"	单击按钮结束程序

【代码】

```
Private a(9) As Integer              '定义一个由10个元素组成的数组，用来存放随机产生的数
Private Function sum(ByRef b() As Integer) As Integer
    Dim i As Integer                '循环变量
    For i = LBound(b) To UBound(b)
        sum = sum + b(i)
    Next i
End Function
Private Sub Command1_Click()
    Dim i As Integer
    Randomize                       '随机数初始化
    Text1.Text = ""
    For i = 0 To 9                  '该循环产生10个数并显示在第一个文本框中
        a(i) = Int(90 * Rnd() + 10)
        Text1.Text = Text1.Text + CStr(a(i)) + ","
    Next i
    Text1.Text = Mid(Text1.Text, 1, Len(Text1.Text) – 1)
End Sub
Private Sub Command2_Click()
    Dim s As Integer
    s = sum(a())                    '调用函数计算所有元素之和
```

```
    Text2.Text = CStr(s)                        '在文本框中显示计算结果
End Sub
Private Sub Command3_Click()
    End
End Sub
```

【运行程序】

启动程序后，单击"产生数组"按钮，程序会利用随机函数产生数组，并将数组在文本框1中显示出来，单击"调用函数"按钮，程序会调用函数计算数组各个元素之和，将结果在文本框2中显示。单击"结束"按钮结束应用程序。

5.5 过程的嵌套和递归调用

5.5.1 过程的嵌套

在VB语言中，过程的定义都是互相平行和相互独立的，所有过程的级别都是一样的，不能在一个过程中定义另外一个过程，即过程不允许嵌套定义，但过程可以嵌套调用。所谓过程嵌套调用是指在一个过程调用了另一个过程，被调用过程在执行过程中又调用了另外一个过程。过程的嵌套调用执行过程如图5-17所示。

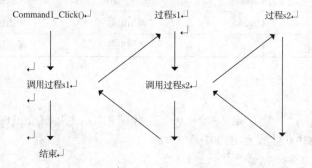

图5-17 过程的嵌套调用

【例5-7】编写函数过程，用来求解下面的函数问题。

f(n)=1!+2!+3!+...+n!

程序的设计界面如图5-18所示，程序的运行界面如图5-19所示。

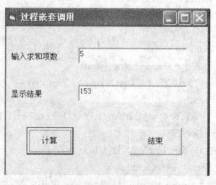

图5-18 程序的设计界面   图5-19 程序的运行界面

【分析】

根据题意可得，编写两个函数过程，一个函数过程求n的阶乘，一个函数过程求累加和。

【界面设计】

界面中包含的控件以及属性设置如表5-7所示。

表5-7 控件以及属性设置

控件名称	属性名	属性值	控件描述
Text1	Text	""	输入求和的项数
Text2	Text	""	显示求和结果
Command1	Caption	"计算"	单击按钮调用函数
Command2	Caption	"结束"	单击按钮结束程序

【代码】

```
Public Function f1(ByVal k As Integer) As Single      '求k的阶乘过程
    Dim i As Integer, f As Single
    f = 1
    For i = 1 To k
      f = f * i
    Next i
    f1 = f
End Function
Public Function f2(ByVal n As Integer) As Single      '求1!+2!+…+n!的过程
    Dim i As Integer
    f2 = 0
    For i = 1 To n
      f2 = f2 + f1(i)
    Next i
End Function
Private Sub Command1_Click()
    Dim f As Integer
    Dim n As Integer
    n = Val(Text1.Text)                               '得到输入的n
    f = f2(n)                                         '计算函数的值
    Text2.Text = CStr(f)                             '显示值
End Sub
Private Sub Command2_Click()
    End
End Sub
```

【运行程序】

启动程序后，在文本框1中输入求和项数，单击"计算"按钮，程序调用相应的函数过程计算表达式的值，并将结果显示在对应的文本框中。单击"结束"按钮结束应用程序。

5.5.2 过程的递归调用

在VB语言中允许过程的递归调用，所谓过程的递归调用是指在调用一个过程时，又出现了调用该过程本身。递归过程必须解决两个问题：一是递归计算的公式，二是递归结束的条件。通过下面实例来详细介绍递归调用的实现方法。

【例5-8】求数列的值。

有如下数列：

$a(1)=1$

$$a(n)=1+\frac{2}{a(n-1)}$$

其中，$n \geq 2$。

求：$a(n)$的值。程序的设计界面如图5-20所示，程序的运行界面如图5-21所示。

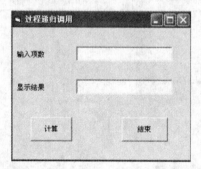

图5-20　程序的设计界面

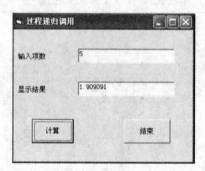

图5-21　程序的运行界面

【分析】

根据题意可得，可以使用递归调用来实现，要求$a(n)$的值，可以通过$a(n-1)$的值求得，要求$a(n-1)$的值，可以通过$a(n-2)$的值求得，以此类推，最后要求$a(2)$的值，可以通过$a(1)$的值求得，$a(1)$的值是已知的。

【界面设计】

界面中包含的控件以及属性设置如表5-8所示。

表5-8　控件以及属性设置

控件名称	属性名	属性值	控件描述
Text1	Text	""	输入需要求的项
Text2	Text	""	显示结果
Command1	Caption	"计算"	单击按钮调用函数
Command2	Caption	"结束"	单击按钮结束程序

【代码】

```
Private Function a(ByVal n As Integer) As Single      '求第n项的值
    Dim k As Single
    If n = 1 Then
```

```
        k = 1
    Else
        k = 1 + 2 / a(n − 1)
    End If
    a = k
End Function
Private Sub Command1_Click()
    Dim s As Single, k As Integer
    k = Val(Text1.Text)                    '得到项数
    s = a(k)                               '调用过程求对应项的值
    Text2.Text = CStr(s)                   '显示结果
End Sub
Private Sub Command2_Click()
    End
End Sub
Private Sub Command2_Click()
    End
End Sub
```

【运行程序】

启动程序后，在文本框1中输入求的项，单击"计算"按钮，程序调用相应的函数过程计算该项的值，并将结果显示在对应的文本框中。单击"结束"按钮结束应用程序。

5.6　变量作用域及静态变量

在VB中，由于可以在过程中和模块中声明变量，根据定义变量的位置和定义变量的语句不同，变量可以分为：

局部变量（过程级变量）

窗体/模块级变量（私有的模块级变量，能被本模块的所有过程和函数使用）

全局级变量（公有的模块级变量）

5.6.1　过程级变量——局部变量

局部变量是指在过程内声明的变量，只能在本过程中使用。在过程内部使用 Dim 或者 Static 关键字来声明的变量，只在声明它们的过程中才能被访问或改变该变量的值，别的过程不可访问。所以可以在不同的过程中声明相同名字的局部变量而互不影响。

【例5-9】局部变量应用。

编写程序演示局部变量的应用，在不同的过程中定义相同名字的局部变量，输出各局部变量。程序的设计界面如图5-22所示，程序的运行界面如图5-23所示。

【分析】

根据题意可得，在form_load事件中定义局部变量，并在文本框1中显示其值，在按钮的单击事件中定义名字相同的局部变量，在文本框2中显示，通过结果，可以得出局部变量的特点。

【界面设计】

界面中包含的控件以及属性设置如表5-9所示。

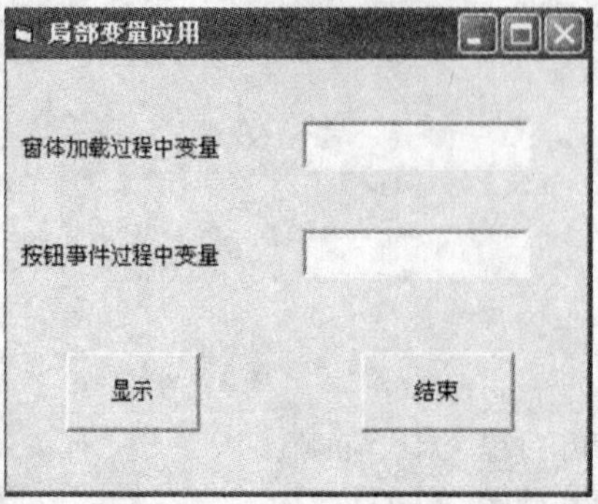

图5-22 程序的设计界面

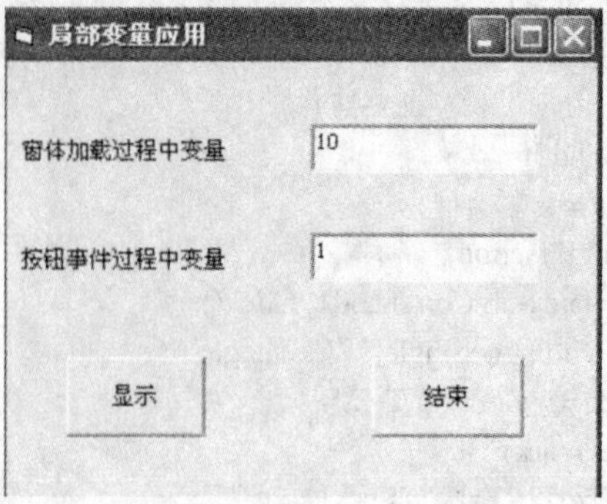

图5-23 程序的运行界面

表5-9 控件以及属性设置

控件名称	属性名	属性值	控件描述
Text1	Text	""	显示结果
Text2	Text	""	显示结果
Command1	Caption	"显示"	单击按钮显示局部变量
Command2	Caption	"结束"	单击按钮结束程序

【代码】

```
Private Sub Form_Load()
    Dim n%
    n = 10
    Text1.Text = CStr(n)
End Sub
Private Sub Command1_Click()
    Dim n%
    n = n + 1
    Text2.Text = CStr(n)
End Sub
Private Sub Command2_Click()
    End
End Sub
```

【运行程序】

启动程序后，在第一个文本框中显示form_load事件过程中声明的局部变量，单击"显示"按钮，程序显示在按钮单击事件过程中的局部变量。单击"结束"按钮结束应用程序。

5.6.2 窗体/模块级变量

在"通用声明"段中（所有过程之外）用Dim语句或用Private语句声明的变量，可被本窗体/模块的任何过程访问，但其他模块却不能访问该变量。

【例5-10】模块级变量应用。

编写程序演示模块级变量的应用，在程序的通用部分声明模块级变量，在不同的过程中使用该变量并输出变量的值。程序的设计界面如图5-24所示，程序的运行界面如图5-25所示。

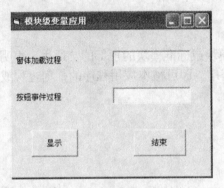

图5-24　程序的设计界面

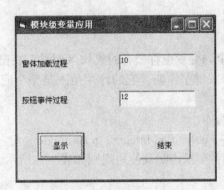

图5-25　程序的运行界面

【分析】

根据题意可得，在程序的通用部分声明模块级变量，在不同的过程中使用该变量并在文本框中输出变量的值，通过演示结果，可以得出模块级变量的特点。

【界面设计】

界面中包含的控件以及属性设置如表5-10所示。

表5-10　控件以及属性设置

控件名称	属性名	属性值	控件描述
Text1	Text	""	显示结果
Text2	Text	""	显示结果
Command1	Caption	"显示"	单击按钮显示数据
Command2	Caption	"结束"	单击按钮结束程序

【代码】

```
Private n As Integer
Private Sub Form_Load()
    n = 10
    Text1.Text = CStr(n)
End Sub
Private Sub Command1_Click()
    n = n + 2
    Text2.Text = CStr(n)
End Sub
Private Sub Command2_Click()
    End
End Sub
```

【运行程序】

启动程序后，在第一个文本框中显示form_load事件过程中模块级变量，单击"显示"按钮程序显示在按钮单击事件过程中模块级变量的值。单击"结束"按钮结束应用程序。

5.6.3 全局变量

全局变量也称公有的模块级变量，在窗体模块或标准模块的顶部的"通用"声明段用Public关键字声明，它的作用范围是整个应用程序，即可被本应用程序的任何过程或函数访问。

例如：

Public a As Integer，b As single

3种变量声明及使用规则如表5-11所示。

表5-11 变量声明及使用规则

作用范围	局部变量	模块级变量	全局变量
声明方式	Dim、Static	Dim、Private	Public
声明位置	在过程中	模块通用部分	模块通用部分
被本模块的其他过程存取	不能	能	能
被其他模块存取	不能	不能	能

5.6.4 静态变量

除作用域之外，变量还有存活期，在这一期间变量能够保持它们的值。

在应用程序的存活期内一直保持模块级变量和全局变量的值。但是，对于Dim声明的局部变量仅当过程执行期间存在，当一个过程执行完毕，它的局部变量的值就已经不存在，局部变量释放其内存空间，当该过程再次被调用时，它的局部变量被分配新的内存空间，它的所有局部变量被重新初始化。

用关键字Static定义的局部变量称静态变量，静态变量一旦定义就将在程序的整个运行期间占用固定的存储空间，一直存在，不释放内存，直到应用程序结束才释放静态变量所对应的内存空间。如果在某个过程中定义了一个静态变量，调用过程退出后，由于静态变量并没有释放，下一次再调用该过程时，静态变量将保持上一次退出时的值，而不是初始值。

声明形式：

Static 变量名 [AS 类型]

【例5-11】静态变量应用。

编写程序演示静态变量和非静态变量的区别，在按钮的单击事件中，定义静态变量和非静态变量，多次单击按钮查看执行结果。程序的设计界面如图5-26所示，程序的运行界面如图5-27所示。

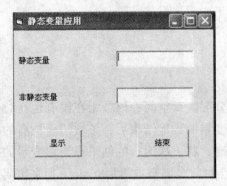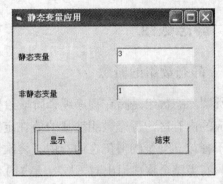

图5-26 程序的设计界面　　　　　图5-27 第三次单击按钮后程序的运行界面

【分析】

根据题意可得，在按钮的单击事件中声明两个变量x和y，其中x是静态变量，y是非静态变量，通过多次单击按钮查看执行结果，可以得出静态变量和非静态变量的区别。

【界面设计】

界面中包含的控件以及属性设置如表5-12所示。

表5-12 控件以及属性设置

控件名称	属性名	属性值	控件描述
Text1	Text	""	显示静态变量结果
Text2	Text	""	显示非静态变量结果
Command1	Caption	"显示"	单击按钮显示数据
Command2	Caption	"结束"	单击按钮结束程序

【代码】

```
Private Sub Command1_Click()
    Static x As Integer              '静态变量
    Dim y As Integer                 '非静态变量
    x = x + 1                        '改变变量的值
    y = y + 1
    Text1.Text = CStr(x)             '显示变量的值
    Text2.Text = CStr(y)
End Sub
Private Sub Command2_Click()
    End
End Sub
```

【运行程序】

启动程序后，可以通过多次单击"显示"按钮，在相应文本框中显示静态变量和非静态变量的值。单击"结束"按钮结束应用程序。

5.7 静态数组

5.7.1 静态数组的概念

所谓静态数组是指在程序编译阶段给数组分配内存空间，该数组在没有运行时已有了相应的内存区。静态数组变量的值在定义该变量的程序结束后，该数组所拥有的内存空间不释放，变量的值仍在内存中，再次运行时，将上次运行的结果作为该变量的初始值。只有当整个程序退出时，数组所占内存才会释放。静态数组用Static语句来声明，格式如下：

Static 数组名([下标1下界TO]下标1上界，[下标2下界TO]下标2上界，…)[As类型名]

说明：除不能省略下标的"上界"外，其余与Dim声明数组方法一样，静态数组可以是一维数组、二维数组和多维数组。

5.7.2 静态数组的应用

由于静态数组具有"记忆"前次运行结果的能力，因此它非常适用于多次运行但不能丢失原有数据的情况，如多个数值的累加。以下示例说明了"静态数组"与"非静态数组"的区别。

【例5-12】"静态数组"与"非静态数组"的区别。

编程实现对静态数组和非静态数组进行赋值，通过多次运行过程比较程序执行结果。程序的设计界面如图5-28所示，程序的运行界面如图5-29所示。

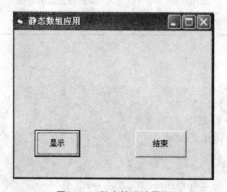

图5-28　程序的设计界面

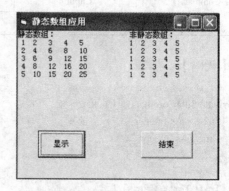

图5-29　第五次单击按钮后程序的运行界面

【分析】

根据题意可得，在按钮的单击事件中声明两个数组，一个是静态数据，一个是非静态数组，通过循环对数组元素进行赋值，经过多次单击命令按钮执行程序，查看输出结果，可以得出静态数组和非静态数组的区别。

【界面设计】

界面中包含的控件以及属性设置如表5-13所示。

表5-13　控件以及属性设置

控件名称	属性名	属性值	控件描述
Command1	Caption	"显示"	单击按钮执行事件过程
Command2	Caption	"结束"	单击按钮结束程序

【代码】

```
Option Explicit
Private Sub Command1_Click()
    Static test1(1 To 5) As Integer        ' 说明静态数组
    Dim test2(1 To 5) As Integer           ' 说明非静态数组
    Static start As Integer                ' 说明静态变量
    Dim i As Integer
    If start = 0 Then                      ' 仅显示一次标题
        Print "静态数组："; Tab(30); "非静态数组："
    End If
    start = start + 1
    For i = 1 To 5                         ' 对数组赋值
        test1(i) = test1(i) + i
        test2(i) = test2(i) + i
    Next i
    For i = 1 To 5                         ' 显示静态数组
        Print Tab((i - 1) * 4); test1(i);  ' 通过Tab函数控制输出格式
    Next i
    Print ,                                ' 在下一个输出区段输出，每个区段占14列
    For i = 1 To 5                         ' 显示非静态数组
        Print test2(i);
    Next i
    Print
End Sub
Private Sub Command2_Click()
    End
End Sub
```

【运行程序】

启动程序后，可以通过多次单击"显示"按钮在相应文本框中显示静态变量和非静态变量的值。单击"结束"按钮结束应用程序。

过程Command1_Click对数组元素作增值运算。图5-29是单击命令按钮5次，即执行5次事件过程后看到的结果，静态数组test1由于"记住"了上一次的结果，所以起到累加作用；而非静态数组test2每一次都重新初始化，所以执行结果都一样。静态简单变量start记录了单击命令按钮的次数，即执行事件过程的次数，所以只有第一次执行事件过程时才显示标题。

5.8 应用实例

【例5-13】编写通用过程实现选择法排序。

编写一个程序，用来随机产生10个两位数并调用过程，采用选择法对这10个数进行由大到小排序。程序的设计界面如图5-30所示，程序的运行界面如图5-31所示。

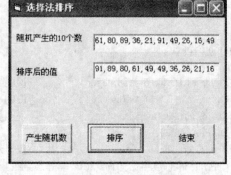

图5-30　程序的设计界面　　　　　图5-31　程序的运行界面

【分析】

参照【例4-3】。

【界面设计】

界面中包含的控件以及属性设置如表5-14所示。

表5-14　控件以及属性设置

控件名称	属性名	属性值	控件描述
Text1	Text	""	显示随机产生的10个数
Text2	Text	""	显示排序之后结果
Command1	Caption	"产生随机数"	单击按钮产生随机数
Command2	Caption	"排序"	单击按钮进行排序
Command3	Caption	"结束"	单击按钮结束应用程序

【代码】

```
Private a(9) As Integer '定义一个由10个元素组成的数组，用来存放随机产生的数
Private Sub order(ByRef a() As Integer)
  Dim max, max_i, i, j, t As Integer
  Dim l As Integer                          '存储数组下标下界
  Dim u As Integer                          '存储数组下标上界
  l = LBound(a)                             '求数组下标下界
  u = UBound(a)                             '求数组下标上界
    For i = l To u − 1                      '外层循环用来控制轮次
      max = a(i): max_i = i                 '每轮首先认为该轮的第一个元素为最大值
      For j = i + 1 To 9
```

```
            If (max < a(j)) Then
                max = a(j)
                max_i = j
            End If          '最小值与后面的元素比较，若后面的元素值小，则记下它的值和它的下标*/
        Next j
        If (max_i <> i) Then                    '如果最小值不是该轮的第一个元素，则交换
            t = a(max_i): a(max_i) = a(i): a(i) = t
        End If
    Next i
End Sub
Private Sub Command1_Click()
Dim i As Integer
    Randomize                                '随机数初始化
    Text1.Text = ""
    For i = 0 To 9                           '该循环产生10个数并显示在第一个文本框中
        a(i) = Int(90 * Rnd() + 10)
        Text1.Text = Text1.Text + CStr(a(i)) + ","
    Next i
    Text1.Text = Mid(Text1.Text, 1, Len(Text1.Text) – 1)
End Sub
Private Sub Command2_Click()
    order a()                                '调用过程进行排序
    Text2.Text = ""
    For i = 0 To 9                           '显示排好序后的数组
        Text2.Text = Text2.Text + CStr(a(i)) + ","
    Next i
    Text2.Text = Mid(Text2.Text, 1, Len(Text2.Text) – 1)
End Sub
Private Sub Command3_Click()
    End
End Sub
```

【运行程序】

启动程序后，单击"产生随机数"按钮，便在文本框1中显示随机产生的10个数。单击"排序"按钮，程序调用order过程进行排序，在文本框2显示排序之后的数据。单击"结束"按钮结束应用程序。

【例5-14】编写通用过程，实现将二维数组首行和末行互换。

编写一个程序，通过调用过程实现将二维数组首行和末行互换。程序的设计界面如图5-32所示，程序的运行界面如图5-33所示。

【分析】

通用过程的参数必须是二维数组，将首行和末行互换必须知道二维数组的行数和列数，可以通过LBound和UBound函数求得，利用循环将两行数据交换。

【界面设计】

界面中包含的控件以及属性设置如表5-15所示。

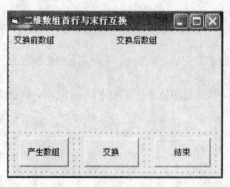
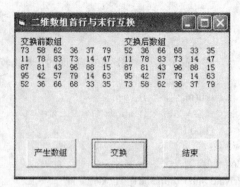

图5-32　程序的设计界面　　　　　图5-33　程序的运行界面

表5-15　控件以及属性设置

控件名称	属性名	属性值	控件描述
Label1	Caption	""	显示交换前数组
Label2	Caption	""	显示交换后数组
Command1	Caption	"产生数组"	单击按钮产生数组
Command2	Caption	"交换"	单击按钮进行交换
Command3	Caption	"结束"	单击按钮结束应用程序

【代码】

```
Const M = 4, N = 5                                 '常数表示二维数组的行和列
Dim A(M, N) As Integer                             '定义数组
Private Sub Exch(ByRef Arr() As Integer)
    Dim M As Integer, N As Integer                 'M和N分别用来存放第一维、第二维的下标上限
    Dim i, t As Integer
    M = UBound(Arr, 1): N = UBound(Arr, 2)         '获取每维的下标上限
    For i = 0 To N
        t = Arr(0, i): Arr(0, i) = Arr(M, i): Arr(M, i) = t   '交换
    Next i
End Sub
Private Sub Command1_Click()
Dim i, j As Integer
    For i = 0 To M                                 '二重循环输入学号和成绩并存放到成绩数组
        For j = 0 To N
            A(i, j) = Int(Rnd * 90) + 10           '随机产生数组元素
        Next j
    Next i
    For i = 0 To M                                 '该循环输出二维数组元素
        Label1.Caption = Label1.Caption + Chr(10) + Chr(13)
        For j = 0 To N
            Label1.Caption = Label1.Caption + CStr(A(i, j)) + "  "
```

```
        Next j
      Next i
    End Sub
    Private Sub Command2_Click()
      Dim i As Integer, j As Integer
      Call Exch(A)                              '调用过程把a数组的首行和末行互换
      Label2.Caption = Label2.Caption + Chr(10) + Chr(13)
      For i = 0 To M                            '该循环显示交换后的数组
        For j = 0 To N
          Label2.Caption = Label2.Caption + CStr(A(i, j)) + " "
        Next j
        Label2.Caption = Label2.Caption + Chr(10) + Chr(13)    '换行
      Next i
    End Sub
    Private Sub Command3_Click()
      End
    End Sub
```

【运行程序】

启动程序后，单击"产生数组"按钮，在标签1中显示随机产生的数组，单击"交换"按钮，程序调用Exch过程将数组首行和末行交换，在标签2中显示交换之后的数据。单击"结束"按钮结束应用程序。

5.9 本章小结

本章介绍了过程和函数过程，两者主要的区别是子过程没有返回值，函数过程有返回值。

过程调用时参数传递是通过形参与实参相结合实现的。参数传递有按值传递ByVal和按引用传递ByRef。

变量分为局部变量、模块级变量和全局变量，介绍了各类变量的声明和规则，同时还介绍了静态变量以及静态数组。

5.10 习题5

一、选择题

（1）如下程序，运行的结果是（ ）。

```
Dim a%,b%,c%
Public Sub p1(x%,y%)
  Dim c%
  x=2*x  :  y=y+2  :  c=x+y
End Sub
Public Sub p2(ByVal x% ,ByVal y%)
```

```
    x=2*x  :  y=y+2  :   c=x+y
End Sub
Public Sub Command1_Click()
  a=2 :b=4  :  c=6
  Call p1(a,b)
  Print  "a=" ;a; "b=" ;b; "c=" ;c
  a=2 :  b=4  :  c=6
  Call p2(a,b)
  Print  "a=" ;a ;  "b=" ; b;  "c=" ; c
End Sub
```

A. a= 4 b= 6 c= 6   B. a= 4   b= 6 c= 10

　a= 2 b= 4 c= 10   a= 8   b= 8 c= 16

C. a= 4 b= 6 c= 6   D. a= 4   b= 6 c= 14

　a= 8 b= 6 c= 6   a= 8   b= 8 c= 6

（2）如下程序，运行的结果是（　　）。

```
Public Sub Proc(a%())
  Static i%
  Do
    a(i)= a(i)+ a(i+1)
    i=i+1
  Loop While i<2
End Sub
Public Sub Command1_Click()
  Dim m%,i%,x%(10)
  For i=0 To 4
    x(i)=i+1
  Next i
  For i = 1 To 2
    Call proc(x())
  Next i
  For i = 0 To 4
    print x(i);
  next i
End Sub
```

A. 3 4 7 5 6   B. 3 5 7 4 5   C. 2 3 4 4 5   D. 4 5 6 7 8

（3）有如下程序：

```
Sub sub1(x,y)
```

```
    X=2*x
    Y=3*y
  End sub
Private sub command1_click()
  A=1:b=1
  Print  "A=" ;a; ",B=" ;b
End sub
```

程序运行后的输出结果是(　　)。

A. A＝1，B＝1　　B. A＝2，B＝3　　C. A＝1，B＝3　　D. A＝2，B＝1

（4）有函数过程：

```
Function gys(byval x as integer, byval y as integer) as integer
  do while y<>0
    remainder=x/y
    x=y
    y=remainder
  loop
  gys=x
End function
```

以下是调用该函数的事件过程，该程序的运行结果是(　　)。

```
Private sub command7_click()
  Dim a as integer
  Dim b as integer
  A=10
  B=2
  X=gys(a, B)
  Print x
End sub
```

A. 0　　　　　　　B. 25　　　　　　　C. 5　　　　　　　D. 100

（5）在过程定义中用(　　)表示形参的传址。

A. ByRef　　　　B. Val　　　　　C. ByVal　　　　D. Value

（6）有如下函数：

```
Function fun(a As Integer,n As Integer) As Integer
  Dim m As Integer
  Do While a >=n
    a=a-n
    m= m+1
  Loop
```

```
    fun=m
End Function
```

该函数的返回值是（　　　）。

A. a乘以n的乘积　　　　　　　　B. a加n的和

C. a减n的差　　　　　　　　　　D. a除以n的商(不含小数部分)

（7）对于VB 6.0语言的过程，下列叙述中正确的是（　　　）。

A. 过程的定义不能嵌套，过程调用可以嵌套

B. 过程的定义可以嵌套，过程调用不能嵌套

C. 过程的定义不能嵌套，过程调用不能嵌套

D. 过程的定义可以嵌套，过程调用可以嵌套

（8）在过程内定义的变量为（　　　）。

A. 全局变量　　　　B. 模块级变量　　　C. 局部变量　　　D. 静态变量

（9）在过程中定义的变量，如果希望在离开该过程后还能保存过程中局部变量的值，就应该使用（　　　）关键字在过程中定义局部变量。

A. Dim　　　　　　B. Private　　　　C. Public　　　　D. Static

二、填空题

（1）过程和函数中的参数的传递方式有＿＿＿＿＿＿＿和＿＿＿＿＿＿＿两种。

（2）通用过程与函数过程的最根本区别在于＿＿＿＿＿＿＿＿＿＿＿＿＿＿＿。

（3）在模块的所有过程之前定义了一个变量a，在Command1的事件过程中又定义了一个变量a，在Command1事件过程中给a赋值，实际给＿＿＿＿＿＿＿变量赋值。

（4）定义过程时，如果希望某形参为可选参数，则应在该形参前加上关键字＿＿＿＿＿＿＿。

三、编程题

（1）编写一个计算表达式 $\dfrac{m!}{(m+n)(m-n)}$ 值的程序（m>=n>=0），要求：用输入对话框输入m和n的值，用编写函数Function f(x as Integer)求x! 的值。

（2）排队领梨问题。若干小朋友排成一个队领梨，已知第一个人领的梨数为2个，从第二个人开始每个人领的梨数是前一个人领的梨数的2倍再加1，问第n个人领了多少个梨？要求使用递归算法实现，n的值由用户从键盘输入。

（3）编写函数过程f，计算表达式的值：1+2!+3!+…+n! ，其中n由用户通过键盘输入。

（4）编写函数过程f，计算表达式的值：$1-\dfrac{1}{2!}+\dfrac{1}{3!}-\dfrac{1}{4!}+\cdots+\dfrac{(-1)^{n-1}}{n!}$，其中n由用户通过输入框inputbox输入。

第6章 常用内部控件

本章主要介绍一些常用的内部控件，包括窗体控件、按钮控件、标签控件、文本框控件、单选框、复选框和框架等控件的属性、事件和方法，以及这些控件的应用。

本章要点

- 控件的属性、事件和方法的概念。
- 基本控件，包括窗体、文本框、按钮和标签，常用属性、事件和方法。
- 单选按钮、复选框和框架的应用。
- 列表框和组合框的应用。
- 滚动条和定时器控件的应用。

6.1 控件基础

内部控件总是出现在工具箱中，用户如果想使用内部控件时，直接将工具箱中的控件放置在对应的窗体上就可以了。表6-1总结了VB工具箱中常用的控件。

表6-1 工具箱中常用的控件

控件名	类名	描述
复选框	Checkbox	显示true/false或yes/no选项，一次可在窗体上选定任意数目的复选框
组合框	Combobox	将文本框和列表框组合起来，用户可以输入选项，也可从下拉式列表中选择选项
命令按钮	Commandbutton	在用户选定命令或操作后执行它
水平和垂直滚动条	Hscrollbar和Vscrollbar	对于不能自动提供滚动条的控件，允许用户为它们添加滚动条
图像	Image	显示位图、图标或Windows图元文件、JPEG或GIF文件，单击时类似命令按钮
标签	Label	为用户显示不可交互操作或不可修改的文本
列表框	Listbox	显示项目列表，用户从中进行选择
单选按钮	Optionbutton	选项按钮与其他选项按钮组成选项组，用来显示多个选项，用户只能从中选择一项
图片框	Picturebox	显示位图、图标或Windows图元文件、JPEG或GIF文件，也可显示文本或者充任其他控件的可视容器
文本框	Textbox	提供一个区域来输入、显示文本
定时器	Timer	按指定时间间隔执行定时器事件

6.1.1 控件的属性

对象中的数据就保存在属性中，VB中的各种控件都有其不同的属性，它们是用来描述和反映控件对象特征的参数，用户可查阅帮助系统来了解不同对象的属性。

属性的设置有两种方法：

（1）通过属性设置框直接设置对象的属性。

（2）在程序代码中通过赋值实现，其格式为：

对象.属性=属性值

例如：给一个对象名为label1的标签控件的Caption属性设置为"VB教程"，其在程序代码中的书写形式如下：

Label1.caption=" VB教程"

6.1.2 控件的事件

对于控件对象而言，事件就是发生在该对象上的事情。在Windows环境下，用户对计算机做的每一步操作，如键盘按下（Keypress）、单击鼠标（Click）、获取焦点（Getfocus）、选择一个菜单命令等，系统接受的每一个动作，都称之为事件（Event）。

事件一旦发生，VB就立即寻找相应的程序进行处理。响应一个事件的程序代码，在VB中称为一个事件过程。VB应用程序设计的主要工作就是为对象编写过程中的事件代码。事件过程的形式如下：

Sub 对象名_事件（[参数列表]）

… 事件过程代码

End Sub

例如：单击Command1命令按钮，使命令按钮的字体设置为"宋体"，则对应的事件过程如下：

Private Sub Command1_Click()

    Command1.FontName = "宋体"

End Sub

当用户对某一个对象做出一个动作时，可能同时在该对象上发生多个事件，如单击鼠标，则同时发生了Click、MouseDown、MouseUp等事件。我们在书写程序代码时，不要求对所有发生的事件都进行编码，只要对某一事件过程进行编码，没有编码的为空事件过程，系统也就不会处理该事件过程。

在传统的面向过程的程序设计中，应用程序自身控制了执行哪一部分代码和按何种顺序执行代码，代码执行时是从第一行开始，随着程序流执行代码的不同部分，程序执行的先后次序由设计人员编写的代码决定，用户无法改变程序的执行流程。

在VB中，程序的执行发生了根本的变化，程序的执行是系统等待某个事件的发生，然后去执行处理此事件的事件过程，待事件过程执行完后，系统又处于等待某事件发生的状态，这就是事件驱动程序设计方式。这些事件驱动的顺序决定了代码执行的顺序，因此程序每次运行时所经过的代码的路径可能都是不同的。

6.1.3 控件的方法

方法是特定对象动作的过程，是一个对象对外提供的某些特定动作的接口。方法是对象本身内含的程序段，它可能是函数，可能是过程，但实现功能的步骤和细节，用户看不到。用户只能了解这个对象的功能和用法，按照约定直接去使用它。因为方法是面向对象的，所以在调用时一定要用对象，对象方法的调用格式为：

[对象.]方法 [参数名表]

其中若省略了对象，表示为当前对象，一般指窗体。例如：

Form1.Print "2008北京奥运会欢迎您"

此语句用Print方法在对象为Form1的窗体上显示"2008北京奥运会欢迎您"的字符串。

6.2 基本控件

在VB程序设计中最基本的控件包括：窗体控件、按钮控件、标签控件和文本框控件，下面对以上几个控件的属性、方法和事件进行介绍。

6.2.1 窗体控件

窗体是一个可以包含其他对象的对象——容器。在界面设计时，把窗体作为一个容器，通过"控件工具箱"往窗体中添加各种控件。用户可以根据需求在窗体上制作出用户界面，这个阶段我们称之为界面设计阶段，而在程序运行时，窗体就成为用户与应用程序进行交互操作的窗口。

1）属性

对象表现出来的特征是由对象的许多属性决定的，因此，需要对窗体的属性进行设置以得到所期望的窗体特征。这可以在界面设计时通过属性窗口设置窗体的各种属性值，也可以在运行时由代码段给窗体的属性赋值来实现。窗体常用属性如下：

（1）Name属性。

该属性用于设置窗体的名称，在程序设计时区别不同的窗体对象，运行时为只读。

（2）Appearance属性。

该属性值为0时，对象以平面效果显示；值为1时，对象以3D效果显示。

（3）AutoRedraw属性。

值为True时，重画窗体内所有图形；值为False时，要调用一个事件过程才能完成重画工作。

（4）BackColor属性和ForeColor属性。

窗体窗口的背景颜色由属性BackColor确定，窗体窗口的前景色由ForeColor属性确定。

（5）BorderStyle属性。

BorderStyle属性决定窗体的"边界风格"。它的值有4种选择：

0：窗口无边界。

1：窗口边界为单线条，而且运行期间窗口的尺寸是固定的，不能改变大小。

2：窗口边界为双线条，而且运行期间可以改变窗口的尺寸。

3：窗口边界为双线条，运行期间不可以改变窗口的尺寸。

（6）Caption属性。

该属性的值就是窗口标题栏中显示的内容，在程序运行中可以通过代码设计进行更改。

（7）ClipControls属性。

该属性值设置Paint事件的绘图方法是重画整个对象，还是重画新显示的区域。

（8）ControlBox属性。

属性值为True时，决定窗体左上角有控制菜单；值为False时窗体左上角没有控制菜单，同时自动将MaxButton与MinButton属性的值都设置为False。

（9）Enabled属性。

该属性值为True和False。决定对象是否响应用户生成事件。若值为True时响应，为False时不响应。

（10）Height、Wide、Left和Top属性。

Height、Wide属性值决定窗体的大小，即用于设置窗体的高度和宽度值，Left、Top属性值决定窗体的位置即窗体离屏幕左边与上边的距离，即窗体左上角那一点距离屏幕左边和上边的距离。

（11）Font属性。

单击该属性右侧的按钮，在弹出的"字体"对话框中设置窗体上文字的字体、字号等。

（12）Icon属性。

该属性的值决定窗体图标，即返回运行时窗体最小化所显示的图标。

（13）MaxButton与MinButton属性。

该属性的值可以是True和False，MaxButton属性的值决定在窗口上是否有最大化按钮，MinButton属性的值决定在窗口上是否有最小化按钮。

（14）Picture属性。

该属性设置控件中显示的图形，通过"加载图片"对话框，选择合适的图像文件，作为窗体背景中要显示的图片。

（15）Visible属性。

该属性值为True时窗体可见，值为False时窗体隐藏不可见。

（16）WindowsState属性。

该属性表示窗体执行时以什么状态显示，属性值为0（Normal）时，为正常窗口状态，有窗口边界；属性值为1(Minimized)时，为最小化状态，以图标方式显示；属性值为2(Maximized)时，为最大化状态，无边框，充满整个屏幕。

2）窗体的事件

窗体常用的事件如下：

（1）Click事件。

（2）DblClick事件。

Click事件与DblClick事件发生在单击和双击窗体时，注意操作一定要发生在窗体上，而不是窗体中的控件上。

（3）Load事件。

在启动应用程序，窗体被装入内存中时，就会触发 Load事件，即Load事件是窗体加载时自动被触发的。

（4）Unload事件。

Unload事件发生在从内存中卸载该窗体时。

（5）Activate事件。

Activate事件发生在当前窗体被激活时。

（6）Deactivate（非活动的）事件。

Deactivate事件发生在非当前窗体被激活时。

（7）QueryUnload事件。

关闭窗体时激发该事件。

（8）Resize事件。

在启动窗体或改变窗体尺寸时激发该事件。

3）窗体常用方法

（1）Show方法。

调用该方法可以将窗体显示在屏幕上。

调用格式： [对象名].Show

（2）Hide方法。

调用该方法可以隐藏窗体，但不会卸载窗体。

调用格式： [对象名]. Hide

```
Private Sub Command1_Click          'Command1按钮的Click事件过程
Form1.Hide                          '隐藏窗体Form1
Form2. Show                         '屏幕上显示窗体Form2
End Sub
```

程序运行时，单击窗体上的Command1按钮，当前Form1窗体的界面会隐藏起来，而显示出Form2窗体的界面。这两个方法用在多窗体程序设计中，多窗体的知识在后边7.2节中详细介绍。

（3）Move方法。

可以将窗体移动到一定的坐标位置。

调用格式： [对象名].Move Left, Top, Width, Height

```
Private Sub Form1_Click()                         'Form1窗体的Click事件过程
Form1. Move  Left−10,Top+10,Width−10,Height−10     '移动窗体
End Sub
```

程序运行时，用户每单击窗体一次，该窗体就会向屏幕的左边、下方各移动10Wip，同时将窗体的宽度、高度都减少10Wip，窗体随着用户的单击越变越小，而且越来越靠近左下方。

（4）Cls方法。

可以清除窗体内的文本和图形。

调用格式： [对象名]. Cls

（5）Print方法。

在窗体上显示文字信息。

调用格式： [对象名]. Print

```
Private Sub Form1_Click()                         'Form1窗体的Click事件过程
Form1. print "单击窗体之后，在窗体上输出。"        '在窗体上输出
End Sub
```

当程序运行时，单击窗体之后效果如图6-1所示。

（6）Refresh方法。

强制全部重绘窗体及控件。

调用格式：[对象名]. Refresh

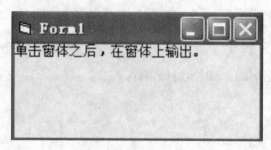

图6-1　窗体Print方法

6.2.2　按钮控件

在工具箱中双击命令按钮图标，或者按住鼠标左键将命令按钮拖入窗体中松开，一个命令按钮就添加到了窗体上，接下来就可以对命令按钮的属性进行设置。

1）命令按钮的属性

常用的属性有：

（1）Name属性。

该属性用于设置命令按钮的名称，运行时为只读。

（2）Style属性。

此属性设置命令按钮的外观。它的值有以下两种选择。

0：Standard按钮以标准的形式显示。

1：Graphical按钮以图形的方式显示。

（3）Caption属性。

该属性主要是在按钮上显示文字，告诉用户该按钮的功能。

（4）Enabled属性。

该属性用来控制命令按钮对象是否可用，值为True时表示该按钮对象可用，值为False时表示该按钮对象暂时不可用。

（5）Default属性。

此属性将一个命令按钮设置为默认的"活动按钮"，它的值为True时表示该按钮被确定为默认的"活动按钮"，值为False时不是默认的"活动按钮"。

（6）Cancel属性。

此属性设置命令按钮是否为默认的"取消按钮"，它的值为True时表示该按钮被确定为默认的"取消按钮"，值为False时不是默认的"取消按钮"。

2）命令按钮的事件

命令按钮的事件有Click事件、MouseDown事件和MouseUp事件，当用鼠标单击命令按钮，触发该按钮的Click事件时，也将触发其他两个事件。三个事件发生的顺序为MouseDown事件、Click事件和MouseUp事件，命令按钮最主要的事件是Click事件。

6.2.3　标签控件

标签控件主要用来显示文本信息。常用标签来对某些控件进行标注，还可以用标签为窗体添加说明文字，向用户提供操作提示信息等。

1）标签的属性

标签的属性中涉及更多的是标签的外观样式。

（1）Name属性。

用于设置标签的名称。

（2）Caption属性。

用于设置标签中所要显示的内容。

（3）BorderStyle属性。

用于设置标签有无边框。值为0时标签没有边框，值为1时标签有单线边框。

（4）AutoSize属性。

用于设置标签控件能否自动调整大小来显示所有的内容。值为True时，标签控件大小随文本的改变而改变；默认值为False，标签控件大小不会随文本的改变而改变。

（5）Alignment属性。

用于设置在标签框上显示信息的位置，取值为0时为左边对齐，取值为1时为右边对齐。

（6）WordWrap属性。

用于设置标签中所显示的内容是否能够自动换行。

（7）Top属性。

用于设置标签与窗体上边界之间的距离。

（8）Left属性。

用于设置标签与窗体左边界之间的距离。

（9）BackColor属性。

用于设置标签的背景色。

（10）ForeColor属性。

用于设置标签的前景色。

2）标签的事件

标签控件可以有Click事件、DblClick事件和Change等事件，但它的主要作用是显示文本，一般不需要编写事件过程代码。

6.2.4 文本框控件

1）文本框控件的属性

文本框控件一般用来接收和显示输入输出信息，用于编辑文本。

常用的属性有：

（1）Name属性。

此属性的值就是文本框的名字，文本框没有Caption属性。

（2）Text属性。

Text属性既可以输入文本，又可以输出信息，使用起来很方便，是文本框控件最为重要的属性。

（3）MaxLengh属性。

用于设置文本框中输入字符串的长度限制。默认值为0，表示该文本框中字符串的长度由系统限制，其他值则表示该文本框能够容纳的最大字符数。

（4）Alignment属性。

设置文本框中文本内容的对齐方式。0为左对齐，1为右对齐，2为中间对齐。

（5）MultiLine属性。

该属性决定文本框中的内容是否可以显示多行。默认值为False。在属性窗口中找到该属性，单击其右侧的下三角按钮，在下拉列表中选择True，程序运行时就可以在界面上的文本框中输入多行信息。

（6）FontName属性和FontSize属性。

FontName属性设置字体的类型；FontSize属性设置字体的大小。

（7）FontItalic属性和FontUnderline属性。

FontItalic属性设置字体输出的形式是否为斜体；FontUnderline属性是指是否在输出的文本下加下划线，值为0时不加下划线，值为1时加下划线。

（8）FontBold属性。

FontBold属性设置字体是否为粗体。所有这些属性都是用于设置有关文本框输出时文本的文字样式的。

（9）ScrollBars属性。

该属性设置文本框是否添加滚动条。它有以下4种选择。

0：不加滚动条。

1：只加水平滚动条，此时文本框自动换行功能被取消。

2：只加垂直滚动条。

3：既加水平滚动条又加垂直滚动条，此时文本框成为一个简单的编辑器。

要注意的是，只有当MultiLine属性为True时，ScrollBars属性设置才有效。

（10）Locked属性。

设置文本框内容是否可以编辑。取值为True时，可以滚动显示文本框中的内容，但不能更改；取值为False时，可以滚动显示并修改文本框中的内容。

（11）PasswordChar属性。

此属性的值决定程序运行时，用户从键盘上输入字符后，该文本框中显示出来的对应字符，它的默认字符为空字符串。例如，一个文本框Text1，设置它的PasswordChar属性值为"*"，程序运行时，不管利用键盘给界面上的文本框Text1中输入任何字符，它都会将输入的每一个字符在屏幕上显示为"*"。这一属性经常被用在设置密码的情况中，以保证输入密码的安全性。

（12）SelStart、SelLength和SelText属性。

在程序运行中，对文本内容进行选择操作时，这三个属性用来标识用户选中的正文。

SelStart：选定正文的开始位置，第一个字符的位置是0，依次类推。

SelLength：选定的正文长度。

SelText：选定的正文内容。

设置了SelStart和SelLength属性后，VB会自动将设定的正文送入SelText存放，这些属性一般用于在文本编辑中设置插入点及范围、选择字符串、清除文本等，并且常与剪贴板一起使用，完成文本信息的剪切、拷贝和粘贴等功能。

2）文本框的事件

在文本框所能响应的事件中Change、KeyPress、LostFocus和GetFocus是最重要的事件。

（1）Change事件。

当用户在文本框中输入新的内容或当程序将文本框的Text属性设置新值，从而改变文本框的Text属性时会引发该事件。当用户在文本框中输入一个字符时，就会引发一次Change事件。例如，用户在文本框中输入"abc"一词时，会引发3次Change事件。

（2）KeyPress事件。

当用户按下并释放键盘上的一个键位时，就会引发焦点所在控件的KeyPress事件。此时会返回一个KeyAscii（被按下字符所对应的ASCII码值）参数到该事件过程中。例如，当用户按下字符"A"，返回KeyAscii的值为65。同Change事件一样，每输入一个字符就会引发一次KeyPress事件。该事件过程通常对输入的是否为回车（KeyAscii的值为13）进行判断，表示文本的输入结束。

在文本框中输入数据的时候难免会出现错误的数据，通过调用相应的事件过程，就可以识别从键盘上输入的字符是否正确，达到判断检查输入数据是否正确有效的功能。

例如下列程序段：

```
Private Sub Text1_KeyPress(KeyAscii As Integer)      ' Text1按钮的KeyPress事件过程
    If  KeyAscii < 48 Or KeyAscii > 57 Then          '输入字符的ASCII码值
        MsgBox "请输入数字字符", , "消息框"          '屏幕上输出错误信息
    End If
End Sub
```

向文本框Text1中每输入一个字符，就会激发KeyPress事件，作出响应执行上面的程序代码；当输入的字符不是数字字符时，将在消息框中提示"请输入数字字符"。KeyAscii可以获得键盘输入字符的ASCII码值。

（3）LostFocus事件。

此事件是对一个对象失去焦点时发生，移动（Tab）制表键或单击另一个对象都会发生LostFocus事件。

（4）GetFocus事件。

该事件与LostFocus事件相反，当一个对象获得焦点时发生。

3）文本框的方法

文本框中最有用的方法是SetFocus方法，该方法是把光标移动到指定的文本框中。

利用文本框的SetFocus方法可以设置焦点。其形式如下：

[对象.] SetFocus

4）文本框控件应用

【例6-1】数字字符输入。

编写一个程序，要求程序启动后文本框中只能接受数字字符输入。程序的设计界面如图6-2所示，程序的运行界面如图6-3所示。

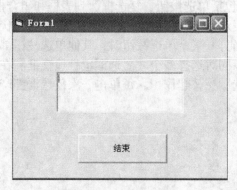

图6-2　程序的设计界面

图6-3　程序的运行界面

【分析】

编写文本框控件的KeyPress事件过程，在接受字符输入时判断其ASCII码值是否满足要求，不满足时给出提示。

【界面设计】

界面中包含的控件以及属性设置如表6-2所示。

表6-2　控件以及属性设置

控件名称	属性名	属性值	控件描述
Text1	Text	""	接受用户输入字符
Command1	Caption	"结束"	单击按钮结束应用程序

【代码】

```
Private Sub Form_Load()
    Text1.Text = ""                               ' 窗体加载后将文本框中内容清空
End Sub
Private Sub Text1_KeyPress(KeyAscII As Integer)   ' Text1控件的KeyPress事件过程
    If KeyAscii < 48 Or KeyAscii > 57 Then        ' 输入字符的ASCII码值
        MsgBox "请输入数字字符", , "消息框"          ' 屏幕上输出错误信息
    End If
End Sub
Private Sub Command1_Click()
    End
End Sub
```

【运行程序】

启动程序后，在文本框中输入字符，文本框中只能接受数字字符输入，当输入其他字符时程序会弹出消息框提示"请输入数字字符"。单击"结束"按钮结束应用程序。

6.3　单选按钮、复选框和框架控件

在应用程序中，有时候需要用户作出选择，这些选择有的简单，有的则比较复杂。为此，VB6.0提供了几个用于选择的标准控件，包括单选按钮、复选框、列表框和组合框。

在应用程序中，单选按钮和复选框用来表示状态，在程序运行期间可以改变其状态。在一组单选按钮中，只能选择其中的一个，当打开某个单选按钮时，其他单选按钮都处于关闭状态。复选框用"√"表示被选中，可以同时选择多个。复选框也称检查框。在执行应用程序时单击复选框可以使"选"和"不选"交替起作用。每单击一次复选框都产生一个Click事件，分别以"选"和"不选"响应。

6.3.1　单选按钮

1）属性

（1）Value属性。

该属性用来表示单选按钮的状态。Value属性可以设置为True或False。

当设置为True时，该单选按钮是被选中状态，按钮的中心有一个圆点； 如果设置为False，则单选按钮是未被选中状态，按钮是一个圆圈。

（2）Alignment属性。

该属性设置单选按钮控件标题的对齐方式，它可以在设计时设置，也可以在运行期间设置。

格式：

对象.Alignment[=值]

该属性可以被设置为0或1。

0（vbLeftJustify）：（默认）控件居左，标题在控件右侧显示。

1（vbRightJustify）：控件居右，标题在控件左侧显示。

（3）Style属性。

该属性用来指定单选按钮的显示方式，以改善视觉效果。其取值为0或1。

0（vbButtonStandard）：（默认）标准方式，同时显示控件和标题。

1（vbButtonGranphica）：图形方式，控件图形的样式显示，即复选框或单选按钮控件的外观与命令按钮类似。

2）事件

单选按钮都可以接受Click事件，但通常不对单选按钮的Click事件进行处理。当单击单选按钮时，将自动变换其状态，一般不需要编写Click事件过程。

3）方法

SetFocus方法是单选按钮控件最常用的方法，可以在代码中通过该方法将Value属性设置为True。与命令按钮相同，使用该方法之前，必须要保证单选按钮当前处于可见和可用状态。

6.3.2 复选框

1）属性

（1）Value属性。

该属性可以设置为0、1或2。

0（Unchecked）：表示没有选择该复选框。

1（Checked）：表示选中该复选框。

2（Grayed）：表示该复选框被禁止(灰色)。

（2）Alignment属性。

该属性参照单选按钮属性。

（3）Style属性。

该属性参照单选按钮属性。

2）事件

复选框最基本的事件是Click事件。同样，用户无需为复选框编写Click事件过程，单击复选框时会自动改变其Value值。

6.3.3 框架

若需要在同一个窗体中建立几组相互独立的单选按钮时，就需要用框架（Frame）进行分组。框架是一个容器，用于将屏幕上的对象分组。

框架的属性中最常用的是Caption属性，其他属性一般不太常用。

使用框架的主要目的是为了对控件进行分组，即把指定的控件放到框架中。为此，必须先添加框架，然后在框架内添加需要成为一组的控件，这样才能使框架内的控件成为一个整体，和框架一起移动。如果在框架外添加一个控件，然后把它拖到框架内，则该控件不是框架的一部分，当移动框架时，该控件不会移动。

6.3.4 应用举例

【例6-2】字体风格设置。

通过单选按钮和复选框设置文本框的字体，程序的设计界面如图6-4所示，程序的运行界面如图6-5所示。

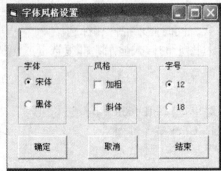

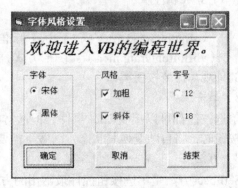

图6-4 程序的设计界面   图6-5 程序的运行界面

【分析】

设置字体和字号采用单选按钮，设置风格采用复选框，通过确定按钮将单选按钮和复选框的值赋值给文本框对应的属性，通过取消按钮回复到程序的初始状态。

【界面设计】

界面中包含的控件以及属性设置如表6-3所示。

表6-3 控件以及属性设置

控件名称	属性名	属性值	控件描述
Text1	Text	""	显示设置的字体风格
Command1	Caption	"确定"	单击按钮设置字体风格
Command2	Caption	"取消"	单击按钮取消风格
Command3	Caption	"结束"	单击按钮结束应用程序

【代码】

```
Private Sub Form_Load()
    Text1.FontName = "宋体"
    Text1.FontBold = False
    Text1.FontItalic = False
    Text1.FontSize = 12
```

```
        Option1.Value = True
        Option3.Value = True
        Check1.Value = False
        Check2.Value = False
        Text1.Text = "欢迎进入VB的编程世界。"
    End Sub
    Private Sub Command1_Click()
        If Option1.Value Then
            Text1.FontName = "宋体"
        Else
            Text1.FontName = "黑体"
        End If
        If Option3.Value Then
            Text1.FontSize = 12
        Else
            Text1.FontSize = 18
        End If
        Text1.FontBold = Check1.Value
        Text1.FontItalic = Check2.Value
    End Sub
    Private Sub Command2_Click()
        Form_Load                        '重新加载窗体，恢复到初始状态
    End Sub
    Private Sub Command3_Click()
        End
    End Sub
```

【运行程序】

启动程序后，单击"确定"按钮，便在文本框中显示设置的风格，单击"取消"按钮文本框中的文本恢复到初始状态。单击"结束"按钮结束应用程序。

6.4　列表框和组合框

利用列表框（ListBox）可以选择所需要的选项；组合框是结合了文本框和列表框的特性而形成的一种控件，组合框在列表框中列出了可供用户选择的选项，当用户选定某项后，该项内容自动装入文本框中。当列表框中没有所需项目时，除了下拉式列表框之外都允许在文本框中用键盘输入，但输入的内容不能自动添加到列表框中。

6.4.1　列表框

列表框用于在很多选项中作出选择。在列表框中可以有很多个选项供选择，用户可以单击某一项选择自己所需要的选项。

1）属性

（1）Columns属性。

该属性用来确定列表框的列数，当该属性设置为0(默认)时，所有的选项呈单列显示。如果该属性设置为1，则列表框呈多行多列显示。

（2）List属性。

该属性用来列出选项的内容，是一个字符型数组，List属性保存了列表框中所有值的数组，可以通过下标访问数组中的值（下标值从0开始）。

格式：s=[列表框.]List（下标）

例如，s=List1.List(3)

将列出列表框List1第4项的内容。

也可以改变数组中已有的值。

格式：[列表框.]List(下标)=s

例如：List1.List(3)="Hello"

将把列表框List1第4项的内容设置为"Hello"。

（3）ListCount属性。

该属性列出列表框中选项的数量。列表框中选项的排列从0开始，最后一项的序号为ListCount-1。

例如，执行x=List1.ListCount后，x的值为列表框List1的选项总数。

（4）ListIndex属性。

该属性设置的是已选中的选项的位置。选项的位置由索引值指定，第一项索引值为0，第二项索引值为1，依次类推。如果没有选中任何项，ListIndex的值将设置为-1。在程序中设置ListIndex后，被选中的条目将反相显示。

（5）MultiSelect属性。

该属性用来设置一次可以选择的表项数。对于一个标准列表框，该属性的设置决定了用户是否可以在列表框中选择多个表项。MultiSelect属性可以设置成为以下3种值。

0-None：每次只能选择一项，如果选择另一项则会取消前一项的选择。

1-Simple：可以同时选择多项，后续的选择不会取消前面所选择的项，可以用鼠标或空格键选择。

2-Extended：可以选择指定范围内的选项。其方法是：单击所要选择范围的第一项，然后按住"Shift"键，并单击所要选择范围的最后一项。如果按住Ctrl键并单击列表框中的选项，则可以不连续地选择多个选项。

如果选择了多个选项，ListIndex和Text的属性只表示最后一次的选择值。为了确定所要选择的表项，必须检查Selected属性的每个元素。

（6）Selected属性。

该属性只能在程序中设置或引用，该属性实际上是一个数组，各个元素的值为True或False，每个元素与列表框相对应。当元素的值为True时，表明选择了该项；如果为False，则表示未选择。通过语句可以检查指定的表项是否被选择。

格式：列表框名. Selected（索引值）

"索引值"从0开始，上面的语句返回一个逻辑值(True或False)。通过语句可以选择指定的选项或取消已选择的选项。

格式：列表框名. Selected（索引值）= True|False

（7）SelCount属性。

如果MultiSelect属性设置为1（Simple）或2（Extended），则该属性用于读取列表框中所选项目的数目。通常它与Selected一起使用，以处理控件中的所选项目。

（8）Sorted属性。

该属性用来确定列表框上的选项是否按字母、数字升序排列。如果Sorted属性设置为

True，则表示按字母或数字升序排列；如果把它设置为False(默认)，则选项将按加入列表的先后次序排列。

（9）Style属性。

该属性用来确定控件的外观，只能在设计时确定。其取值可以设置为0（标准形式）或1（复选框形式）。

（10）Text属性。

该属性值为最后一次选中的选项的文本，不能直接修改Text属性。

2）列表框的事件

列表框接受Click和 DblClick事件，但有时不用编写Click事件过程代码，而是当单击一个命令按钮或发生DblClick事件时，读取Text属性。

3）列表框的方法

（1）AddItem。

该方法用来在列表框中插入一个选项。

格式：列表框. AddItem项目字符串[,索引值]

AddItem方法把项目字符串的文本内容放入列表框中索引值指定的位置。如果省略索引值，则文本被放在列表框的尾部。

（2）Clear。

该方法用来清除列表框中的全部选项。

格式：列表框. Clear

执行Clear方法后，ListCount属性重新设置为0。

（3）RemoveItem 。

该方法用来删除列表框中指定的选项。

格式：列表框. RemoveItem 索引值

RemoveItem方法从列表框中删除以索引值为地址的选项。

4）应用举例

【例6-3】列表框中对应项添加和删除操作。

通过编程实现对列表框中列表项进行添加、删除等操作，程序的设计界面如图6-6所示，程序的运行界面如图6-7所示。

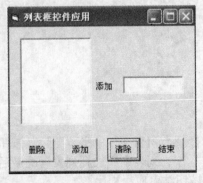

图6-6 程序的设计界面

图6-7 程序的运行界面

【分析】

列表框控件调用RemoveItem方法删除选中列表项，其中通过ListIndex属性得到选中项的索引，调用AddItem方法添加列表项，调用Clear方法清除所有列表项。

【界面设计】

界面中包含的控件以及属性设置如表6-4所示。

表6-4 控件以及属性设置

控件名称	属性名	属性值	控件描述
List1	List	""	显示列表项
Text1	Text	""	输入添加的列表项
Command1	Caption	"删除"	单击按钮删除列表项
Command2	Caption	"添加"	单击按钮添加列表项
Command3	Caption	"清除"	单击按钮清除所有列表项
Command4	Caption	"结束"	单击按钮结束应用程序

【代码】

```
Private Sub Form_Load()
    List1.AddItem "java教程"
    List1.AddItem "c语言教程"
End Sub
Private Sub Command1_Click()
    If List1.ListIndex <> -1 Then          '如果有选中的选项
        List1.RemoveItem List1.ListIndex   '删除选中的选项
    Else                                   '无选中的选项
        MsgBox "没有选中项", "无选中项对话框"  '显示提示信息
    End If
End Sub
Private Sub Command2_Click()
    List1.AddItem Text2.Text               '添加一项
End Sub
Private Sub Command3_Click()
    List1.Clear                            '清除所有的列表项
End Sub
Private Sub Command4_Click()
    End
End Sub
```

【运行程序】

启动程序后，列表框中有两个列表项，可以选择某个列表项，单击"删除"按钮便删除选中的列表项，单击"添加"按钮将文本框中文本作为列表项添加到列表框的最后，单击"清除"按钮将所有列表项清除。单击"结束"按钮结束应用程序。

6.4.2 组合框

组合框（ComboBox）是综合列表框和文本框的特性组合成的控件，兼有列表框和文

本框的功能。

1）组合框属性

（1）Style属性。

该属性是组合框的一个重要属性，其可取值为0、1、2，它决定了组合框3种不同的类型。

Style属性设置为0时，组合框称为"下拉组合框"，可以输入文本或从下拉列表中选择列表项。单击右端的箭头可以显示下拉选项，并允许用户选择，可识别DropDown事件。

Style属性设置为1的组合框称为"简单组合框"，可以输入中文的编辑区和一个标准列表框。列表不是下拉式的，而是一直显示在屏幕上，可以选择列表项，也可以在编辑区中输入文本，它可以识别DblClick事件。

Style属性设置为2的组合框称为"下拉式列表框"，右端有一个箭头，可供"拉下"或"收起"列表框，可以选择列表框中的选项。它不能识别DblClick、Change事件，可以识别DropDown事件。

（2）Text属性。

该属性值是用户所选的列表项目中的文本或直接从编辑区输入的文本。

2）组合框事件

组合框所响应的事件依赖于其Style属性。例如，只有简单组合框（Style属性值为1）才能接收DblClick事件，其他两种组合框可以接收Click事件和DropDown事件。对于下拉式组合框（属性Style的值为0）和简单组合框，可以在编辑区输入文本，当输入文本时可以接收Change事件。一般情况下，用户选择项目之后，只需要读取组合框的Text属性。

当用户单击组合框中向下的箭头时，将触发DropDown事件，该事件实际上对应于向下箭头的单击（Click）事件。

3）组合框方法

前面介绍的AddItem、Clear和RemoveItem方法也适用于组合框，其用法与在列表框中的讲述相同。

4）应用举例

【例6-4】通过组合框设置字体和字号。

通过组合框编程实现设置文本框中字体和字号，程序的设计界面如图6-8所示，程序的运行界面如图6-9所示。

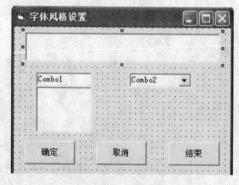

图6-8　程序的设计界面

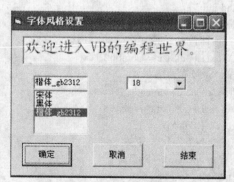

图6-9　程序的运行界面

【分析】

通过简单组合框中列出字体供用户选择，通过下拉组合框中列出字号供用户选择，在按钮事件过程中，对文本框字体的FontName和FontSize属性进行设置。

【界面设计】

界面中包含的控件以及属性设置如表6-5所示。

表6-5　控件以及属性设置

控件名称	属性名	属性值	控件描述
Text1	Text	""	显示设置字体的风格
Combo1	Text	"Combo1"	显示组合框所选项
Combo1	Text	"Combo2"	显示组合框所选项
Command1	Caption	"确定"	单击按钮设置字体风格
Command2	Caption	"取消"	单击按钮恢复到默认风格
Command3	Caption	"结束"	单击按钮结束应用程序

【代码】

```vb
Private Sub Form_Load()
    Dim i As Integer
    Combo1.AddItem "宋体"
    Combo1.AddItem "黑体"
    Combo1.AddItem "楷体_gb2312"
    For i = 8 To 20 Step 2
        Combo2.AddItem Str(i)
    Next i
    '设置文本框和组合框的初始值
    Text1.FontName = "宋体"
    Text1.FontSize = 12
    Combo1.Text = "宋体"
    Combo2.Text = Str(12)
    Text1.Text = "欢迎进入VB的编程世界。"
End Sub
Private Sub Command1_Click()
    Text1.FontName = Combo1.Text
    Text1.FontSize = Combo2.Text
End Sub
Private Sub Command2_Click()
    Text1.FontName = "宋体"                   '恢复到初始状态
    Text1.FontSize = 12
    Combo1.Text = "宋体"
    Combo2.Text = Str(12)
End Sub
Private Sub Command3_Click()
```

```
    End
End Sub
```

【运行程序】

启动程序后，在组合框中分别添加了字体和字号，选择字体和字号，单击"确定"按钮设置文本框中的文本内容风格，单击"取消"按钮将文本框中文本还原为默认状态。单击"结束"按钮结束应用程序。

6.5 滚动条

滚动条（scrollbar）控件通常用来附在窗口上帮助观察数据或确定位置，被广泛应用。

滚动条控件分为两种，即水平和垂直。滚动条的默认名称分别为Hscrollx和Vscrollx（x为1，2，3，…），滚动条是VB的标准控件，可以直接通过工具箱中提供的工具来建立。

1）滚动条属性

滚动条的属性用来标识滚动条的状态，具有以下属性：

（1）Max属性。

该属性表示滚动条所能表示的最大值，取值范围为-32768~32767。当滚动条位于最右端或最下端时，Value属性将被设置为该值。

（2）Min属性。

该属性表示滚动条所能表示的最小值，取值范围同Max。当滚动条位于最左端或最上端时，Value属性取该值。

设置Max和Min属性后，滚动条被分为Max~Min个间隔。当滚动块在滚动条上移动时，其属性Value值也随之在Max和Min之间变化。

（3）LargeChange属性。

该属性表示单击滚动条中滚动块上面或下面的部位时，Value属性增加或减少的值。

（4）SmallChange属性。

该属性表示单击滚动条两端的箭头时，Value属性增加或减少的值。

（5）Value属性。

该属性值表示滚动块在滚动条上的当前位置。如果在程序中设置该值，则把滚动块移到相应的位置。

注意，不能把Value属性设置为Max和Min范围之外的值。

2）滚动条事件

与滚动条有关的事件主要是Scroll和Change。当在滚动条内拖动滚动块时会触发Scroll事件（单击滚动箭头或滚动条时不发生Scroll事件），而改变滚动块的位置后会触发Change事件。Scroll事件用于跟踪滚动条中的动态变化，Change事件则用来得到滚动条的最后的值。

3）应用举例

【例6-5】文本框中内容和滚动条位置值相关联。

通过编程实现让文本框中内容和滚动条位置值相关联，即文本框可以显示和设置滚动条所在位置值。程序的设计界面如图6-10所示，程序的运行界面如图6-11所示。

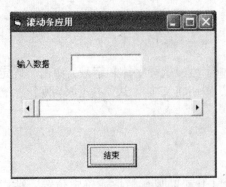
图6-10　程序的设计界面

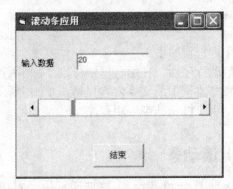
图6-11　程序的运行界面

【分析】

通过编写滚动条的Change事件过程，将滚动条的位置值赋值给文本框；通过文本框Change事件过程，将文本框中数值赋值给滚动条位置值。

【界面设计】

界面中包含的控件以及属性设置如表6-6所示。

表6-6　控件以及属性设置

控件名称	属性名	属性值	控件描述
Text1	Text	""	输入和显示设置的数字
HScroll1	Max	100	滚动条最大值
HScroll1	Min	0	滚动条最小值
Command1	Caption	"结束"	单击按钮结束应用程序

【代码】

```
Private Sub HScroll1_Change()
    Text1.Text = HScroll1.Value          '当滚动条变化时，文本框内容跟着变
End Sub
Private Sub Text1_Change()
    Dim n As Integer
    n = Val(Text1.Text)
    If n >= 0 And n <= 100 Then          '要求输入数据的范围在0~100之间
        HScroll1.Value = n               '当文本框的内容变化时，滚动条值跟着变化
    Else
        MsgBox "输入数据在0 – 100之间。", , , "错误提示"
    End If
End Sub
Private Sub Command1_Click()
    End
End Sub
```

【运行程序】

启动程序后，单击滚动条两端的箭头，滚动块所在位置的值改变，文本框中的显示值也变化，可以通过文本框中输入数值设置滚动条的位置值。单击"结束"按钮结束应用程序。

6.6 定时器控件

VB6.0可以利用系统内部的定时器报时，而且提供了定值时间间隔的功能，用户可以自行设置每个定时器事件的间隔。在程序运行时，定时器控件是不可见的，工作在后台。

1）定时器属性

（1）Enabled属性。

该属性表示定时器是否可用，默认为True，当属性值为True时，定时器被启动，当属性值为False时，定时器的运行将被挂起，等候属性改为True时才继续运行。

（2）Interval属性。

该属性用来设置定时器时间间隔，以毫秒为单位，取值范围为0~65 535，因此其最大时间间隔不能超过65秒。60 000毫秒为1分钟，如果把Interval设置为1000，则表明每秒发生一个定时器事件。

2）定时器事件

Timer事件是定时器唯一事件，对于一个含有定时器控件的窗体，每经过一段由属性Interval指定的时间间隔，就产生一个Timer事件。定时器产生Timer事件的两个前提条件是Enabled属性为True，Interval属性为非0。

3）应用举例

【例6-6】倒计时程序。

通过编程实现倒计时功能。程序的设计界面如图6-12所示，程序的运行界面如图6-13所示。

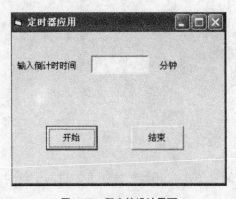

图6-12 程序的设计界面

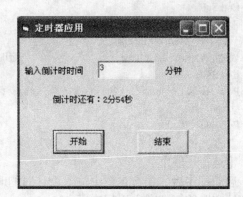

图6-13 程序的运行界面

【分析】

利用时钟控件实现倒计时，时钟控件初始状态是不可用的，当单击按钮后时钟状态为可用，在Timer事件中将倒计时时间减少，当倒计时时间到后给出提示并且将时钟控件状态设置为不可用，倒计时时间是通过文本框输入。

【界面设计】

界面中包含的控件以及属性设置如表6-7所示。

表6-7 控件以及属性设置

控件名称	属性名	属性值	控件描述
Text1	Text	""	输入倒计时的时间
Label1	Caption	""	显示倒计时还剩时间
Command1	Caption	"开始"	单击按钮开始倒计时
Command2	Caption	"结束"	单击按钮结束应用程序

【代码】

```
Dim t As Integer
Private Sub Form_Load()
    Timer1.Interval = 1000          '设置定时器时间间隔1秒钟
    Timer1.Enabled = False          '将定时器设为不可用
End Sub
Private Sub Timer1_Timer()
    Dim m, s As Integer             '显示分钟和秒
    t = t − 1
    m = Int(t / 60)
    s = t Mod 60
    Label3.Caption = "倒计时还有： " & m & "分" & s & "秒"
    If (t = 0) Then
        Timer1.Enabled = False      '倒计时时间到，将定时器设为不可用
        MsgBox ("时间到！ ")
    End If
End Sub
Private Sub Command1_Click()
    t = 60 * Val(Text1.Text)
    Timer1.Enabled = True           '将定时器设为可用
End Sub
Private Sub Command2_Click()
    End
End Sub
```

【运行程序】

启动程序后，在文本框中输入倒计时的时间，单击"开始"按钮开始进入倒计时。单击"结束"按钮结束应用程序。

6.7 应用实例

【例6-7】课程选择程序。

通过列表框控件实现课程选择。程序的设计界面如图6-14所示，程序的运行界面如图6-15所示。

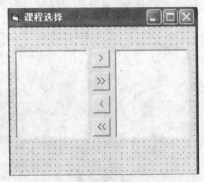

图6-14 程序的设计界面

图6-15 程序的运行界面

【分析】

通过ListIndex属性得到选中项的下标，通过调用AddItem方法添加到另外列表框中，同时调用RemoveItem方法将该项在本列表框中删除；通过循环实现选择所有备选课程和将所有课程进行重选功能，其中列表项对应的下标是从0开始到ListCount-1。

【界面设计】

界面中包含的控件以及属性设置如表6-8所示。

表6-8 控件以及属性设置

控件名称	属性名	属性值	控件描述
List1	List	""	显示可选的课程
List2	List	""	显示已选的课程
Command1	Caption	">"	选择选中的课程
Command2	Caption	">>"	选择所有备选课程
Command3	Caption	"<"	撤回所选的课程
Command4	Caption	"<<"	将所有课程进行重选

【代码】

```
Private Sub Form_Load()
    '初始化List1的各项
    List1.AddItem "java教程"
    List1.AddItem "c语言教程"
    List1.AddItem "操作系统"
    List1.AddItem "数据库原理"
    List1.AddItem "vb程序设计"
    List1.AddItem "软件工程"
    List1.AddItem "计算机文化基础"
    List1.AddItem "网络工程"
End Sub
Private Sub Command1_Click()
    If List1.ListIndex <> -1 Then          '如果有选中的选项
```

```
        List2.AddItem List1.List(List1.ListIndex)      '将选中的项添加到List2中
        List1.RemoveItem List1.ListIndex                '将添加到List1中的项删除
      Else                                              '无选中的选项
        MsgBox "没有选中项", , "无选中项对话框"          '显示提示信息
      End If
    End Sub
    Private Sub Command2_Click()
      Dim i As Integer
      Dim n As Integer
      n = List1.ListCount − 1
      For i = 0 To n                                     '将List1中所有项添加到List2中
        List2.AddItem List1.List(i)
      Next i
      List1.Clear                                        '将List1清空
    End Sub
    Private Sub Command3_Click()
      If List2.ListIndex <> −1 Then                      '如果有选中的选项
        List1.AddItem List2.List(List2.ListIndex)       '将选中的项添加到List1中
        List2.RemoveItem List2.ListIndex                '将添加到List2中的项删除
      Else                                              '无选中的选项
        MsgBox "没有选中项", "无选中项对话框"            '显示提示信息
      End If
    End Sub
    Private Sub Command4_Click()
      Dim i As Integer
      Dim n As Integer
      n = List2.ListCount − 1
      For i = 0 To n                                     '将List2中所有项添加到List1中
        List1.AddItem List2.List(i)
      Next i
      List2.Clear                                        '将List2清空
    End Sub
```

【运行程序】

启动程序后，选择需要选择的课程，单击">"按钮进行选课，单击">>"按钮选择所有备选的课程，单击"<"按钮将选中的课程进行重选，单击"<<"将所有课程进行重选。

【例6-8】显示欢迎词。

通过编程实现移动欢迎词，要求欢迎词移动速度用户可以调节。程序的设计界面如图6-16所示，程序的运行界面如图6-17所示。

【分析】

通过在时钟控件Timer事件中改变标签left属性值使得标签动起来，当滚动条控件位置值发生变化时，调整移动速度。

【界面设计】

界面中包含的控件以及属性设置如表6-9所示。

图6-16 程序的设计界面

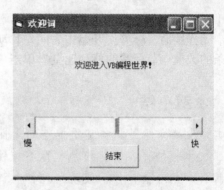

图6-17 程序的运行界面

表6-9 控件以及属性设置

控件名称	属性名	属性值	控件描述
Label1	Caption	""	显示欢迎词
Timer1	Interval	100	设置时钟控件时间间隔
Command1	Caption	"结束"	单击按钮结束应用程序

【代码】

```
Private direct As Integer                              '移动方向
Private delta As Integer                               '每次移动的距离
Private Sub Form_Load()
    HScroll1.Max = 100                                 '设置滚动条取值范围
    HScroll1.Min = 1
    Timer1.Enabled = True                              '启动定时器控件，控制标签的移动
    Label1.Left = Me.Width – Label1.Width              '设置标签控件的初始位置，窗体右边
    direct = 1                                         '初始移动方向为向左
    delta = HScroll1.Value                             '把滚动条的Value属性值作为每次移动的距离
End Sub
Private Sub HScroll1_Change()
    delta = HScroll1.Value                             '把滚动条的Value属性值作为每次移动的距离
End Sub
Private Sub Timer1_Timer()
Label1.Left = Label1.Left – direct * delta             '移动标签控件，初始时向左移动
    If (direct = 1 And Label1.Left <= 10) Then         '如果向左移动且移到了左边界
        direct = –1                                    '移动方向设为向右
    ElseIf (direct = –1 And Label1.Left >= Me.Width – Label1.Width) Then
                                                       '如果向右移动且移到了右边界
        direct = 1                                     '移动方向设为向左
    End If
End Sub
Private Sub Command1_Click()
    End
End Sub
```

【运行程序】

启动程序后，标签便开始由右向左移动，移动到左边之后再由左向右移动，可以改变滚动条的数值调节标签的移动速度。单击"结束"按钮结束应用程序。

6.8　本章小结

本章主要介绍了几种常用控件的属性、事件和方法，这些常用的控件包括：窗体控件、文本框控件、按钮控件、标签控件、单选按钮控件、复选按钮控件、框架、列表框控件、组合框控件、滚动条控件和计时器控件。通过对上述控件的学习，为以后编写复杂程序打好基础。

6.9　习题6

一、选择题

（1）窗体的标题栏显示内容由窗体对象的(　　)属性决定。

A. BackColor　　　B. BackStyle　　　C.Text　　　　　　D.Caption

（2）列表框中执行语句List1.RemoveItem　List1.ListIndex的结果是(　　)。

A. 删除列表框的最后一项　　　　　　B. 删除列表框的第一项

C. 删除列表框中所选中的那一项　　　D. 删除列表框中最后添加的一项

（3）不具有输入数据功能的控件是(　　)控件或对象。

A. 文本框　　　　　B. 列表框　　　　C. 组合框　　　　　D. 窗体

（4）以下关于复选框的说法，正确的是(　　)。

A. 一个窗体上的所有复选框一次只能有一个被选中

B. 一个容器中的所有复选框一次只能有一个被选中

C. 在一个容器中的复选框不能同时有多个被选中

D. 无论是在容器中还是在窗体中，都可以同时选中多个复选框

（5）要把标签控件的字体设置成"楷体"，可使用的语句是(　　　　)（其中"lblKt"是该控件名。

A. lblKt.FontName="楷体_GB2312"

B. lblKt.Name="楷体_GB2312"

C. lblKt.FontName="kaiti"

D. lblKt.Name="kaiti_GB2312"

（6）list1中的clear是(　　)。

A. 方法　　　　　B. 对象　　　　　C. 属性　　　　　D. 事件

（7）为了把焦点移到某个指定的控件，所使用的方法是(　　)。

A. SetFocus　　　　B. Visible　　　C. Refresh　　　D. GetFocus

（8）在窗体上画一个list1的列表框，为了对列表框中的每个项目都能进行处理，应使用的循环语句为(　　)。

  A. for i=0 to list1.listcount−1 B. for i=0 to list1. count−1

    ……   ……

   Next   next

  C. for i=1 to list1.listcount   D. for i=0 to list1. count

    ……   ……

   Next   next

（9）要在窗体的标题栏显示"VB程序"字样，其做法是( )。

 A. 在窗体的标题栏上放置文字"VB程序"

 B. 把窗体的caption属性设置成"VB程序"

 C. 把窗体的label属性设置成"VB程序"

 D. 无法完成该操作

（10）若要使用户不能修改文本框TextBox1中的内容，应修改( )属性。

 A. Locked   B. MultiLine   C. PassWordChar D. ScrollBar

（11）下面的( )控件不具备Caption属性。

 A. 标签   B. 文本框   C. 命令按钮   D. 单选按钮

（12）若要求从文本框中输入密码时在文本框中只显示#号，则应当在此文本框的属性窗口中设置( )。

 A. Text属性值为"#"   B. Caption属性值为"#"

 C. PassWord属性值为空   D. PassWordChar属性值为"#"

（13）当窗体被加载时运行，发生的事件是( )。

 A. Resize   B. Paint   C. Load   D. Unload

二、填空题

（1）为了使标签能自动调整大小以显示全部文本内容，应把标签的_____属性设置为True。

（2）计时器事件之间的间隔是通过设置时钟控件的_____属性来实现的。

（3）将项目添加到combobox控件中的方法是_____，删除列表框中所有项目的方法是_____。

（4）若要终止窗体的运行，可使用_____命令；若要将窗体Form1显示出来，可使用方法_____来实现；若要将窗体Form1隐藏起来的方法是_____。

（5）在VB中若某对象获得焦点，将触发_____事件。

（6）在Visual Basic的窗体中，若要创建一个用于输入文本的对象，可用_____控件；创建一个定时器，则用_____控件。

（7）将项目添加到combobox控件中的方法是_____，从该控件中移除项目的方法是_____。

（8）VB提供的_____属性，用来控制对象是否可用。当属性值为_____时，表示对象可用；当属性值为_____时，表示对象不可用。

（9）VB提供的_____属性，用来控制对象是否可见。当属性值为_____时，表示对象可见；当属性值为_____时，表示对象不可见。

三、编程题

编写一个为列表框添加删除选项的应用程序，程序的设计界面如图6-18所示，界面上有一个文本框、一个列表框和两个命令按钮，当程序运行时，在文本框中输入一个字符串后按回车键，如果该字符串在列表框中，则文本框中的字符串以选中形式显示，该字符串不添加到列表框中，否则该字符串添加到列表框中，同时文本框中的字符串被清除，焦点仍在文本框中，单击"删除选项"将把列表框中选中的字符串删除，单击"全部删除"将把列表框中的所有选项删除。

图6-18　程序的设计界面

第7章 程序界面元素

本章主要介绍程序界面设计方面涉及的内容，包括对话框控件、多窗体程序设计、菜单设计、工具栏和状态栏设计和多文档界面设计。

本章要点

- 对话框控件应用，包括通用对话框、文件对话框、颜色对话框、文字对话框、打印对话框和帮助对话框。
- 多窗体程序建立、窗体加载、卸载常用语句。
- 菜单编辑器的使用，以及下拉菜单和弹出菜单的设计和应用。
- 工具栏的设计、状态栏的设计。
- 多文档界面设计以及MDI窗体的相关属性、方法和事件。
- 快速创建界面的一般步骤。

程序界面设计是软件开发中的一个重要环节，友好的界面不仅能提升程序界面的可观赏性，而且也能提高应用程序的可操作性，是用户和程序交互的接口。

程序界面设计包含的工作有封面、软件框架、按钮、菜单、标签、图标、工具栏、对话框、状态栏和安装过程等的设计。

进行界面设计时，首先应该是做好界面设计的规划工作。其次，再根据整体界面规划情况，对界面各个控件进行设计。

7.1 对话框控件

对话框是Windows中重要的界面，和一般窗口不同，对话框的大小不能改变，如不能有最大化按钮和最小化按钮，无控制菜单，无边框等。Visual Basic中的对话框分为3种类型，即预定义对话框、自定义对话框和通用对话框。预定义对话框是指由MsgBox和InputBox函数建立的简单的对话框，如果需要比输入框或信息框功能更复杂的对话框，则只能由用户自己建立，Visual Basic 6.0提供了通用对话框控件，用它可以快速地制作较为通用的更复杂的对话框。如打开对话框、保存对话框、颜色对话框、字体对话框和打印对话框等。

7.1.1 通用对话框

通用对话框控件不是标准控件，缺省情况下，工具箱中无该控件，添加该控件的方法是：通过"工程"菜单中的"部件"命令，在对话框中添加"Microsoft common dialog control 6.0"部件，则能在工具箱中添加通用对话框控件。

通用对话框可以提供6种形式的对话框。在代码中可通过设置Action属性或调用该控件的show方法来产生不同的对话框，具体设置如表7-1所示。

表7-1 通用对话框的属性及其设置

Action属性值	对话框类型	方法
1	打开文件（open）	ShowOpen
2	保存文件(save as)	ShowSave
3	选择颜色(color)	ShowColor
4	选择字体(font)	ShowFont
5	打印(print)	ShowPrinter
6	帮助文件（help）	ShowHelp

如cmdialog1.action=6或cmdialog1. ShowHelp就是对话框cmdialog1指定为"打开帮助"类型的对话框。

7.1.2　文件对话框

文件对话框包括打开（Open）文件对话框和保存文件（Save As）对话框两种。使用通用对话框控件建立"打开"和"保存文件"对话框时，可对通用对话框控件相应属性进行设置。文件对话框属性如下：

（1）DefaultExt属性。

设置对话框缺省的文件扩展名。当打开或保存一个没有扩展名的文件时，自动给该文件指定由 DefaultExt 属性指定的扩展名。

（2）DialogTitle属性。

设置对话框的标题。在缺省情况下，"打开"对话框的标题是"打开"；"保存"对话框的标题是"另存为"。

（3）FileName属性。

设置或返回要打开或保存文件的路径及文件名。可以设置默认打开或保存的文件名和返回用户在对话框中所选文件的路径和文件名。

（4）FileTitle属性。

返回用户所选文件的文件名，但不包含路径。

（5）Filter属性。

设置对话框的文件列表框中显示的文件的类型，Filter属性由一对或多对字符串组成，每对字符串包括文字说明和过滤器两部分。

格式：

通用对话框控件名称.Filter = "文字说明|过滤器1|文字说明|过滤器2……"

举例：

CmdDialog1.Filter = "All Files|*.*|(*.doc)|*.doc"

（6）FilterIndex属性。

设置默认的过滤器。用Filter属性设置好过滤器后，每个过滤器都有一个值，第一个过滤器的值为1，第二个过滤器的值为2，依此类推。FilterIndex属性用来设置默认的过滤器。

（7）InitDir属性。

用来指定对话框中的初始目录，如果未指定该属性的值，则是当前目录。

（8）Flags属性。

用来定义对话框的类型的，取值如下：

"1"：　显示"只读检查"选择框。

"2"：　如用已有的文件名保存，则显示一个消息框，提示是否覆盖已有的文件。

"4"：　不显示"只读检查"复选框。

"8"：　保留当前目录。

"16"：　显示一个help 按钮。

"256"：允许在文件中有无效字符。

"512"：　允许用户通过Shift键与光标移动键或鼠标组合选择多个文件，各文件名用空格隔开。

7.1.3　颜色对话框

颜色对话框用来设置颜色。通过使用通用对话框控件的ShowColor方法或将其action属性值设为3时可显示颜色对话框。颜色对话框有两个主要的属性，即Color属性和Flags属性。

（1）颜色属性（Color）。

用来设置或返回指定的颜色，每一个"颜色"值对应一个颜色，如红色为255。再如text1.forecolor=CmdDialog1.Color可将在颜色对话框中选定的颜色应用于文本框的前景色。

（2）标志属性（Flags）。

用来定义对话框的类型，取值：

"1"：　使Color属性定义的颜色在首次显示对话框时显示出来。

"2"：　能显示自定义颜色窗口。

"4"：　不显示自定义颜色按钮。

"8"：　显示一个help 按钮。

7.1.4　字体对话框

字体对话框用来给文字指定字体、大小、颜色、下划线等。同样，可以通过使用通用对话框控件的ShowFont方法或将其action属性值设为4来显示该对话框。字体对话框具有Flags、FontBold、FontItalic、FontName、FontSize、FontStrikeThru和FontUnderline属性。其中Flags属性确定了字体对话框的样式，Flags属性取值：

"1"：　只显示屏幕字体。

"2"：　只显示打印机字体。

"3"：　显示打印机字体和屏幕字体。

"4"：　显示help按钮。

"256"：　允许下划线、中划线和颜色。

"512"：　允许apply按钮。

"1024"：　不允许使用windows字符集字体。

"262144"：　只显示TrueType字体。

7.1.5 打印对话框

打印对话框可以指定打印输出方式、选择打印机、设置打印范围和份数等，并可以配置或重新安装默认的打印机。通过使用通用对话框控件的ShowPrinter方法或将其action属性值设为5来显示该对话框。打印对话框具有Flags、Copies、FromPage、ToPage、HDC、PrinterDefault、Max和Min属性。

（1）Flags属性。

用来设置对话框的功能，有关打印对话框中常用的Flags属性值：

"0"：显示"所有页"选项按钮。

"1"：显示"选定范围"选项按钮。

"2"：显示"页"选项按钮。

"4"：显示禁止"选定范围"选项按钮。

"8"：显示禁止"页"选项按钮。

"32"：显示"打印到文件"复选框。

"64"：显示"打印设置"对话框其他属性的功能。

（2）Copies属性。

返回打印份数。

（3）FromPage属性。

开始打印的页码。

（4）ToPage属性。

打印的结束页码。

（5）HDC属性。

分配给打印机的句柄。

（6）Max和Min属性。

设置打印范围允许的最大和最小值。

（7）PrinterDefault属性。

表示是否可以设置默认打印机，如果为True，则可以，反之不可以。

7.1.6 帮助对话框

通过通用对话框控件的ShowHelp方法或将其action属性值设为6，可以显示帮助对话框，对话框通过HelpCommand 属性指定帮助的类型，用HelpFile属性来显示具体的帮助文件，但帮助文件需要用其他的工具制作。

【例7-1】通过颜色对话框设置字体颜色。

利用颜色对话框设置标签控件字体颜色。程序的设计界面如图7-1所示，程序的运行界面如图7-2所示。

【分析】

通过调用通用对话框的ShowColor方法显示颜色对话框，将颜色对话框的颜色赋值给标签控件的ForeColor属性即可。

【界面设计】

界面中包含的控件以及属性设置如表7-2所示。

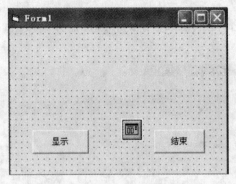 

图7-1 程序的设计界面　　　　　　　　　图7-2 程序的运行界面

表7-2 控件以及属性设置

控件名称	属性名	属性值	控件描述
Label1	Caption	""	需要设置颜色的字体
Command1	Caption	"显示"	单击按钮之后设置颜色
Command2	Caption	"结束"	单击按钮结束程序

【代码】

```
Private Sub Form_Load()
    Label1.Caption = "欢迎进入vb编程世界！"
End Sub
Private Sub Command1_Click()
    CommonDialog1.ShowColor
    Label1.ForeColor = CommonDialog1.Color
End Sub
Private Sub Command2_Click()
    End
End Sub
```

【运行程序】

启动程序后，单击"显示"按钮将会弹出颜色对话框，通过颜色对话框选择颜色设置标签控件的字体颜色。单击"结束"按钮结束应用程序。

7.2 多窗体程序设计

应用程序很少只由一个窗体组成，一般情况下一个应用程序均拥有多个窗体。

7.2.1 多窗体的建立

多窗体指应用中有多个窗体，它们之间没有绝对的从属关系。当然，窗体之间存在着出现的先后顺序和相互调用的关系。

1）添加窗体

打开"工程"菜单并执行"添加窗体"命令或工具栏上的"添加窗体"按钮，弹出"添加窗体"对话框，如图7-3所示。

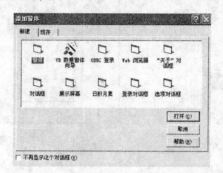

图7-3　"添加窗体"对话框

使用"新建"选项卡可以创建一个新的窗体，使用"现存"选项卡则可以添加一个现有的窗体。除了以上方法之外，也可以通过"视图"菜单中的"工程资源管理器"把工程资源管理器窗口打开，右击工程名，打开如图7-4所示的快捷菜单，通过"添加窗体"命令也可以添加一个新的窗体。

图7-4　快捷菜单

2）设置启动窗体

在拥有多个窗体的程序中，要有一个用于启动的窗体。系统默认原窗体名称为Form1的窗体为启动窗体，如果要指定其他窗体为开始窗体，应选择"工程"菜单中的"属性"命令，在打开的对话框中通过修改"通用"选项卡的"启动对象"来设置。如图7-5所示。

图7-5　设置启动对象

7.2.2 窗体加载、卸载常用语句和方法

1）Load语句

使用Load语句把窗体加载到内存。

格式：

 Load 窗体名称

说明：

（1）"窗体名称"是窗体的Name属性，而不是窗体的文件名。

（2）执行Load语句后窗体并不显示出来，可以引用窗体中的控件及各种属性。

如：load form1

2）Unload语句

该语句与Load语句的功能相反，从内存中卸载指定的窗体。

格式：

 Unload 窗体名称

例如：unload form1

3）Show方法

该方法用来显示一个窗体，同时兼有装入功能。在执行Show时，不仅会把窗体装入内存，同时会显示出来，调用Show方法与设置窗体Visible属性为True具有相同的效果。

格式：

 [窗体名称].Show[模式]

说明：

（1）"窗体名称"指窗体的Name属性，默认是指当前窗体。

（2）"模式"用来确定窗体的状态，有0和1两个值。若"模式"为1，表示窗体是"模式型"（Modal）。

在此情况下，用户无法将鼠标移到其他窗口，也就是说，只有在关闭该窗体后才能对其他窗体进行操作；若"模式"为0，表示窗体是"非模式型"（Modalless），在不关闭当前窗体的情况下，可以对其他窗体进行操作，这种模式也是默认状态。

4）hide方法

该方法功能是隐藏运行的窗体，但并不是关闭了该窗体，即不从内存中删除该窗体，与将窗体的Visible属性设置为false具有相同的效果。

格式：

 [窗体名称].Hide

【例7-2】多窗体程序应用。

编写程序实现多窗体程序设计。程序的设计界面如图7-6所示，程序的运行界面如图7-7所示。

【分析】

通过调用窗体的Show方法和Hide方法实现窗体的显示和隐藏。

【界面设计】

界面中包含的控件以及属性设置如表7-3所示。

图7-6　程序的设计界面

图7-7　程序的运行界面

表7-3　控件以及属性设置

控件名称	属性名	属性值	控件描述
Command1	Caption	"显示form2"	单击按钮显示form2
Command2	Caption	"结束"	单击按钮结束程序
Command1	Caption	"显示form1"	单击按钮显示form1

【代码】

```
' 在form1中的代码
Private Sub Command1_Click()
    Form2.Show
    Form1.Hide
End Sub
Private Sub Command2_Click()
    End
End Sub
' 在form2中的代码
Private Sub Command1_Click()
    Form1.Show
    Form2.Hide
End Sub
```

【运行程序】

启动程序后，在窗体form1中单击"显示form2"按钮将会显示form2窗体同时隐藏form1窗体，在窗体form2中单击"显示form1"按钮将会显示form1窗体，同时隐藏form2窗体。单击"结束"按钮结束应用程序。

7.3 菜单

菜单是Windows构成程序界面最常用的元素之一，它提供了展示包含实现程序各个功能的命令集合的平台，提供了人机交互的接口，让用户选择应用程序的各种功能。

7.3.1 菜单的类型

1）下拉式菜单

下拉式菜单一般位于窗口的顶部，包含两部分，菜单栏和菜单项。

（1）菜单栏是一个包含多个菜单项的主菜单，如VB6.0集成开发环境中的菜单栏，包含了文件、编辑、视图、工程等。

（2）菜单项是代表能实现特定功能的命令，或者是弹出下一级子菜单，每个菜单项都有一个名称，称之为菜单标题或菜单项。

菜单的具体组成：菜单栏、菜单、子菜单、菜单项、热键、快捷键、菜单分隔线等。其中分隔条是用来划分不同的功能区，每个功能区包含同类功能的菜单项。菜单项一般有快捷键和热键，而主菜单名只设置热键。下拉式菜单如图7-8所示。

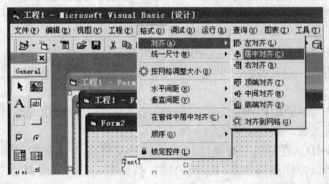

图7-8 下拉式菜单

2）弹出式菜单

弹出式菜单又称为快捷菜单。当右击某一个对象时，往往可以弹出一个菜单，其中所列出来的命令就是针对该对象能完成的操作，具有方便、快捷的特点。弹出式菜单没有主菜单名，是显示于窗体之上、独立于菜单栏的浮动式菜单，只有使用时才显示出来，如图7-9所示。

7.3.2 菜单编辑器

在VB集成开发环境中，选择"工具"菜单项，从其下拉菜单中执行"菜单编辑器"命令，或者在需要建立菜单的窗体上右击，在弹出的快捷菜单中选择"菜单编辑器"命令，屏幕上会弹出一个"菜单编辑器"对话框，如图7-10所示。利用这个菜单编辑器，可

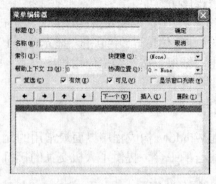

图7-9　弹出式菜单　　　　　　　图7-10　菜单编辑器

以建立各菜单和菜单项，并对它们的属性进行设置。

菜单编辑器的窗口分为3个部分，即属性区、菜单项编辑区和菜单项列表区。

1）属性区

属性区，用来对菜单或菜单项进行属性设置。

- 标题：菜单名或菜单项的名称，即在菜单中显示的文本，如果在标题中的字母前加&符号，则该字母就被设置成热键，如文件(&F)，程序运行时，只要按下Alt+F键，就能打开文件菜单。
- 名称：在代码编程时用来唯一表示该菜单或菜单项的名字。
- 索引：是指菜单控件数组的下标。
- 可见：用来设置菜单或菜单项是否显示在屏幕上，默认是可见。
- 有效：用来设置菜单项在程序运行期间是否可用，设置菜单项的Enabled属性，默认是True，若要在程序运行时使某个菜单不可用，可设置为False。
- 复选：用来设置菜单项的Checked属性，即设置是否带有复选标记。
- 显示窗口列表：用来设置在多文档应用程序的菜单中是否包含一个已打开的各个文档的列表。
- 快捷键：作为快速操作该命令的键盘键的组合操作，缺省值是None。快捷键将显示在菜单项后，如"新建文件 Ctrl + N"。
- 帮助上下文ID：在HelpFile属性指定的帮助文件中用该数值设置一个帮助主题的ID，那么当该控件获得焦点时，按F1键，打开帮助文件时会自动定位到这个ID的主题。也就是说，可以通过这个ID来定位帮助文件打开时显示的页面。

2）菜单项编辑区

中间部分是菜单项编辑区，该区域可用来调整各菜单与菜单项之间的层次关系，插入和删除菜单或菜单项。

（1）菜单移动按钮。

- "左移"按钮：把选定的菜单项向左移动一个等级，即和上一菜单项同级，如移到顶层即成为主菜单。
- "右移"按钮：把选定的菜单项向右移动一个等级，即作为上一菜单的子菜单中的菜单项。
- "上移"按钮：把选定的菜单项上移一行。
- "下移"按钮：把选定的菜单项下移一行。

（2）下一个按钮：选定下一个菜单或菜单项。

（3）插入按钮：可在当前选定的菜单或菜单项前插入一个新的同级别的菜单项。

（4）删除按钮：可删除当前选定的菜单或菜单项。

3）菜单项列表区

最下面部分是菜单项列表区，主要用来显示菜单的分级列表，展现其层次关系，显示菜单的结构。

7.3.3 下拉式菜单

在下拉式菜单中，一般只需要对下拉菜单的最低级菜单项编写单击事件代码，下面通过菜单编辑器来创建一个下拉式菜单。

【例7-3】建立下拉式菜单，通过菜单设置文本框中字体、字号和字的颜色的程序，运行界面如图7-11所示。

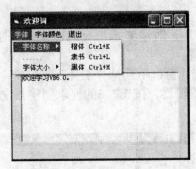

图7-11 程序运行界面

其中，界面上各控件以及属性设置见表7-4。菜单项具体属性设置见表7-5。

表7-4 控件以及属性设置

控件	Name	Text	Caption
文本框	Text1	欢迎你学习vb6.0。	
窗体	Form1		欢迎

表7-5 下拉式菜单项属性设置

标题	名称	索引值	说明
字体	Font		主菜单1
字体名称	FontName		子菜单11
楷体	FontN	0	子菜单项111
隶书	FontN	1	子菜单项112
黑体	FontN	2	子菜单项113
……	FF		子菜单项12，作为分隔
字体大小	FontSize		子菜单项13
30	FontS	0	子菜单项131

续表

标题	名称	索引值	说明
50	FontS	1	子菜单项132
80	FontS	2	子菜单项133
字的颜色	FontColor		主菜单项2
红色	FontCR		子菜单项21
绿色	FontCG		子菜单项22
黄色	FontCY		子菜单项23
退出	Ext		主菜单项3
退出程序	Et		子菜单31

程序设计步骤：

（1）新建工程，在窗口上创建文本框text1,并将属性text设置成"欢迎你学习vb6.0。"，调整好大小和位置。

（2）选中窗体，从VB工作窗口中选择"工具"菜单项，从其下拉式菜单中执行"菜单编辑器"命令，打开菜单编辑器，按表7-5的要求创建并设计下拉式菜单，菜单编辑器中各项设置如图7-12所示。

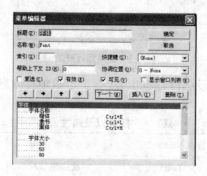

图7-12　菜单编辑器

（3）代码编写，在对象窗口中的窗体上选择每一个菜单项，都能进入该菜单项的单击事件过程，如指向"字体"菜单中的"楷体"，便能进入Et_Click()事件过程，在该过程里添加命令 Text1.FontName = "楷体_GB2312"就能完成对文本框内容的楷体的设置。

所有代码如下：

```
Private Sub Et_Click()
    End
End Sub
Private Sub FontCY_Click()
    Text1.ForeColor = vbYellow
End Sub
Private Sub FontCG_Click()
    Text1.ForeColor = vbGreen
End Sub
```

```
Private Sub FontCR_Click()
    Text1.ForeColor = vbRed
End Sub
Private Sub FontN_Click(Index As Integer)
    Select Case Index
    Case 0
        Text1.FontName = "楷体_GB2312"
    Case 1
        Text1.FontName = "隶书"
    Case 2
        Text1.FontName = "黑体"
    End Select
End Sub
Private Sub FontS_Click(Index As Integer)
    Select Case Index
    Case 0
        Text1.FontSize = 30
    Case 1
        Text1.FontSize = 50
    Case 2
        Text1.FontSize = 80
    End Select
End Sub
```

7.3.4　弹出式菜单

弹出式菜单又称为快捷菜单，是独立于菜单栏的浮动菜单，它在窗体上的显示位置由鼠标指针位置决定。弹出式菜单的设计方法和下拉式菜单的设计方法基本相同，仍然使用VB提供的菜单编辑器，不同的是弹出式菜单只建一个菜单，同时把这个菜单设置成隐藏属性。

弹出式菜单是通过PopupMenu方法来显示的。

格式：

[对象]. PopupMenu <菜单名>[，flags[，X[,Y,Boldcommand]]]]

其中：

（1）[对象]为可选项，默认为带有焦点的Form对象。菜单名是必需的，是要显示的弹出式菜单名，指定的菜单必须至少含有一个菜单。

（2）X，Y：指显示弹出式菜单的位置，缺省则表示使用鼠标的坐标。

（3）flags：用于定义弹出式菜单的位置和行为，见表7-6和表7-7。

表7-6　"标志"表示位置的属性设置

数值	常数值	含义
0	vbPopupMenuLeftAlign	缺省值，表示弹出式菜单的左边定位于x
4	vbPopupMenuCenterAlign	表示弹出式菜单以x为居中位置
8	vbPopupMenuRightAlign	表示弹出式菜单的右边定位于x坐标

表7-7　"标志"表示行为的属性设置

数值	常数值	含义
0	vbPopupMenuLeftButton	只能用单击左键去执行弹出式菜单中的命令
2	vbPopupMenuRightButton	可以用单击左键或右键去执行弹出式菜单中的命令

表7-6和表7-7中的两组常数可以相加或用or连接，如：

vbPopupMenuCenterAlign or vbPopupMenuRightButton 或6即（2＋4）

（4）Boldcommand参数指定需要加粗显示的菜单项。

注意：
　　只能有一个菜单项加粗显示。

【例7-4】可以在[例7-3]中添加一个快捷的编辑菜单，用鼠标右击文本框时弹出这个快捷菜单。

操作步骤：

（1）承接上例，在原来菜单的基础上对菜单进行修改，增加一个顶层菜单"字符风格"，取名为"FontStyle"，如图7-13所示，单击"→"按钮将原菜单中的"字体"、"字号"和"字的颜色"等菜单及相应的菜单项都降一级。

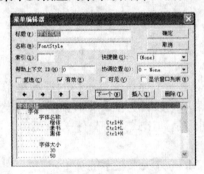

图7-13　"字符格式"菜单

（2）将"字符风格"菜单的Visible属性设置为False，即去掉"可见"复选框中的"√"，这样程序运行时就不显示这个菜单项。

（3）在[例7-3]中原代码的基础上，增加如下代码：

```
Private Sub text1_MouseUp(Button As Integer, Shift As Integer, X As Single, Y As Single)
    If Button = 2 Then
        PopupMenu  FontStyle
        Text1.Enabled = True
    End If
End Sub
```

弹出式菜单设计完成后，运行情况如图7-14所示。

在运行时需注意，文本框是最常用的控件之一，系统默认有快捷菜单，当你右击文本框时，首先会显示其系统的快捷菜单，这时候你再右击文本框一次，则可以把自定义的

"字符风格"快捷菜单显示出来。

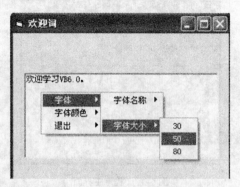

图7-14　弹出式菜单的使用效果

7.4　工具栏和状态栏

7.4.1　工具栏

工具栏是由一系列图标按钮组成的，形象的图标与功能的对应使得应用程序界面具有更好的交互性。工具栏提供了最常用的菜单命令的快速访问方式，集成了常用的功能和工具，可灵活定位，一目了然，操作方便。

VB提供了工具栏（Toolbar）控件和图像列表（Imagelist）控件，可以使用这些控件快速设计工具栏。

Toolbar控件不是标准控件，需将Toolbar控件调入工具箱。方法如下：执行"工程"菜单中的"部件"命令，打开"部件"对话框，如图7-15所示。在"控件"选项卡中选中"Microsoft Windows Common Control 6.0"选项，单击"确定"按钮即能将工具栏控件、图像列表控件和状态栏（Status）控件添加到工具箱中，如图7-16所示。

图7-15　"部件"对话框

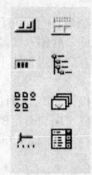

图7-16　工具箱中增加的控件

工具栏有文字按钮工具栏和图形按钮工具栏两种，下面以例子来说明文字按钮工具栏的制作。

【例7-5】为[例7-3]制作一个可用于设置字的颜色和字体大小的按钮工具栏。程序运行界面如图7-17所示。

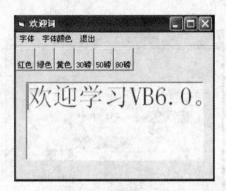

图7-17 程序主界面

具体的制作工具栏步骤如下：

（1）在窗体上添加Toolbar控件。可以双击工具箱中的工具栏控件，建立一个名为Toolbar1的工具栏，该工具栏会自动显示在窗体的顶部。

（2）设置工具栏的属性。右击Toolbar1，弹出快捷菜单，执行"属性"命令。出现如图7-18所示的对话框，利用此对话框来设计工具栏的一些常规属性。

图7-18 "属性页"对话框

该例在"属性页"对话框中选择"按钮"标签，然后使用"插入按钮"插入一个按钮，在"标题"后输入"绿色"，接着可在"工具提示文本"后输入"用于设置红色前景色"，最后在"样式"的下拉列表框中选择默认的按钮样式。重复以上步骤，建立其他工具栏按钮。

工具栏按钮的单击事件如下：

```
Private Sub Toolbar1_ButtonClick(ByVal Button As MSComctlLib.Button)
    Select Case Button.Index
    Case 1
        Text1.ForeColor = vbRed
    Case 2
        Text1.ForeColor = vbGreen
    Case 3
        Text1.ForeColor = vbYellow
    Case 4
        Text1.FontSize = 30
```

```
        Case 5
            Text1.FontSize = 50
        Case 6
            Text1.FontSize = 80
        End Select
    End Sub
```

7.4.2　状态栏

状态栏是窗体下的一个长方条，一般可用状态栏来显示系统的信息和对用户的提示，如系统日期和时间、插入或改写标记、软件版本、光标位置以及对当前操作的提示信息等。

下面介绍状态栏的设计方法。

1）添加状态栏控件

添加"Micrsoft Windows Common Controls 6.0"部件后，状态栏控件被添加到工具箱中。双击工具箱中的状态栏（StatusBar）控件，即可在窗体底部建立一个状态栏控件对象。

2）设置状态栏控件的"属性页"对话框

右击窗体上的状态栏控件对象，执行快捷菜单中的"属性"命令，打开属性页对话框，如图7-19所示。

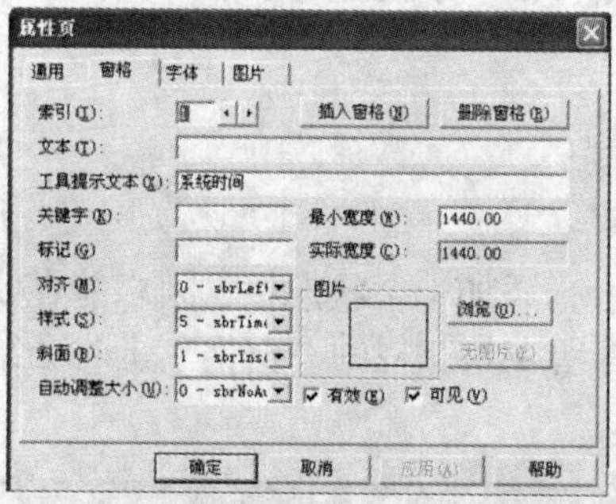

图7-19　"属性页"对话框

状态栏控件主要是由窗格（Panel）组成，最多可包含16个Panel对象，所以这里主要是介绍"属性页"对话框中的"窗格"选项卡的使用。Panel对象不仅可显示文本和图片，还可以显示或处理其他数据，如系统日期、时间、键盘状态等。

有关窗格对象的Style属性设置及功能描述如表7-8所示。

表7-8　状态栏的Style属性

值	常数	描述
0	SbrText	默认值，用于显示文本或位图，用Text属性设置文本
1	SbrCaps	用来显示Caps Lock键的工作状态
2	SbrNum	用来显示 Number Lock键的工作状态
3	SbrIns	表示插入或改写状态

续表

值	常数	描述
4	SbrSerl	表示Scroll Lock键的工作状态
5	SbrTime	显示系统当前时间
6	SbrDate	显示系统当前日期
7	SbrKana	表示Kana Lock键的工作状态

3）通过代码设置状态栏的属性

在程序运行过程中，随着工作状态的变化，需要即时去调整状态栏的属性，可以通过编写代码来实现。

常见的语句有：

（1）添加Panel对象。

可以通过Add方法来创建Panel对象，如下面的代码则为StatusBar1对象创建了一个窗格对象Panel1。

Dim Panel1 As Panel

Set Panel1 = StatusBar1.Panels.Add

（2）在代码中更改状态栏和窗格的属性。

窗格常见的属性有Key、Index、Visible、Enabled、Text、Picture等，其中Picture属性是加载图片的，Key属性是用来唯一标识特定窗格的。状态栏的常用属性是Panels(n)，表示编号为n的窗格。

如：

Panel1.index=2

Panel1.visible=true

【例7-6】基于【例7-5】，添加一个状态栏，要求能在状态栏中显示系统的当前时间和系统的当前日期，当光标停留在状态栏的"窗格"上时会给出相应的提示信息，界面如图7-20所示。

图7-20　程序主界面

操作步骤：

（1）添加状态栏控件。在窗体底部建立一个状态栏控件StatusBar1对象，用鼠标拖动边界可调整状态栏大小。

（2）按表7-9设置状态栏控件的"属性页"对话框。

表7-9 窗格的属性设置

窗格	索引	样式
窗格1	1	5—SbrTime
窗格2	2	6—SbrDate

在程序的设计界面中选择状态栏后，单击鼠标右键，在弹出的快捷菜单中选择属性命令，弹出状态栏的属性页，选择窗格菜单后会出现窗格属性设置界面。图7-21是对状态栏的第二个窗格属性进行设置，我们在样式的下拉列表中选择6—SbrDate样式，确定之后便可以在状态栏的第二个窗格中显示系统的当前日期。

图7-21 状态栏的属性设置

7.5 多文档界面设计

7.5.1 多文档界面概述

大多数基于Windows的应用程序都是多文档界面（MDI），多文档界面由父窗体和子窗体组成，是一种允许在单个容器窗体中包含多个窗体的应用程序，这种程序允许同时打开多个文档，如Micrsoft Excel和Micrsoft Word等。单文档界面（SDI）只能够打开一个文档，打开另一个文档时就会关闭原来打开的文档。如Windows中的计算器、记事本和画图等。

在VB中，可以创建3种窗体，即普通窗体、MDI父窗体和MDI子窗体。普通窗体是指独立的窗体，它和其他窗体之间没有从属关系。MDI子窗体是指MDIChild属性为True的普通窗体。MDI窗体由菜单、工具栏、子窗口区和状态条所组成，是所有MDI子窗体的容器，MDI父窗体在一个工程中只有一个。

7.5.2 创建多文档界面

多文档界面的一个应用程序至少需要两个窗体：一个MDI窗体和一个子窗体。
基本步骤：
（1）添加MDI窗体。
执行"工程"菜单中的"添加MDI窗体"选项命令，或打开工程资源管理器，右击

"窗体"文件夹，执行快捷菜单中的"添加MDI窗体"命令来实现。

（2）创建应用程序的子窗体。

创建一个MDI子窗体，先创建一个新的窗体或者打开一个已经存在的窗体，选中它，并在属性对话框中把MDIChild属性设为True。反复此操作，可在工程中创建多个子窗体。如图7-22所示，form1窗体灰色，已经成为了MDI子窗体。

图7-22　MDIChild属性

7.5.3　MDI窗体的相关属性、方法和事件

MDI父窗体、MDI子窗体具有普通窗体所具有的属性、方法和语句。同时增加了和处理多文档界面相关的属性、方法和语句。

1）MDIChild属性

在MDI应用程序中，如果一个普通窗体的MDIChild属性的值为True，那么该窗体就是MDI窗体的一个子窗体。

2）AutoShowChildren属性

MDI窗体的AutoShowChildren属性，决定是否自动显示子窗体。如果它被设置为True，则当改变子窗体的属性后，会自动显示该子窗体；如果AutoShowChildren被设置为False，则改变子窗体的属性值后，必须用Show方法把该子窗体显示出来。

3）BorderStyle属性

子窗体的BorderStyle属性，如果MDI窗体具有大小可变的边框，即BorderStyle = 2，则其初始化大小与位置取决于MDI窗体的大小，而不是设计时子窗体的大小。当MDI子窗体的边框大小不可变（即BorderStyle = 0、1或3）时，则它的大小由设计时的Height和Width属性决定。

4）WindowState属性

当WindowState属性值为VbNormal或0（缺省值）时，表示窗体正常显示。当其值为VbMinimized或1时，表示窗体为最小化，即最小化为一个图标。当其值为VbMaximized或2时，表示窗体为最大化，即扩大到最大尺寸。在窗体被显示之前，WindowState属性常常被设置为0，即按窗体的Height、Left、ScaleHeight、ScaleWidth、Top和Width属性设置值来显示。

5）Arrange方法

MDI应用程序中可以包含多个子窗体。当打开多个子窗体时，用MDIform的Arrange方法能够使子窗体或其图标按一定的规律排列。

格式:

〈MDI窗体名〉.Arrange〈参数〉

"参数"是一个整数,表示所使用的排列方式,其含义如表7-10所示。

表7-10　Arrange方法参数值的含义

符号常量	值	说明
vbCascade	0	子窗体按层叠方式排列
vbTitleHorizontal	1	子窗体按水平平铺方式排列
vbTileVertical	2	子窗体按垂直平铺方式排列
vbArrangeIcons	3	当子窗体被最小化图标后,该方式将使图标在父窗体的底部重新排列

6)QueryUnload事件

QueryUnload事件在一个窗体或应用程序关闭之前发生,此事件的典型用法是在关闭一个应用程序之前用来确认包含在该应用程序中的窗体中没有未完成的任务,可以让你在关闭窗口之后作一些操作,如确认退出。

MDI子窗体中的QueryUnload事件,优先于所有MDI窗体的QueryUnload事件。即如果所有窗体都没有取消QueryUnload事件,则该事件首先在所有子窗体中发生,最后在MDI窗体中发生。QueryUnload事件过程声明形式如下:

Private Sub Form_QueryUnload(Cancel As Integer, UnloadMode As Integer)

其中,QueryUnload事件过程中有参数UnloadMode,该参数可以选择一种方式结束程序。

表7-11　UnloadMode参数返回值

常数	值	描述
vbFormControlMenu	0	用户从窗体上的控制菜单中选择"关闭"指令
vbFormCode	1	Unload语句被代码调用
vbAppWindows	2	当前Microsoft Windows操作环境会话结束
vbAppTaskManager	3	Microsoft Windows任务管理器正在关闭应用程序
vbFormMDIForm	4	MDI子窗体正在关闭,因为MDI窗体正在关闭

【例7-7】创建一个多文档应用程序,程序实现在两个子窗体间切换。

程序的运行界面如图7-23所示。

实现步骤:

(1)添加MDI窗体。

执行"工程"菜单中的"添加MDI窗体"命令,添加的MDI窗体的名称为MDIForm1,在MDIForm1中添加一个Picture1的控件,在该控件上添加三个命令按钮,分别是Command1、Command2和Command3。

图7-23　MDI运行界面

（2）创建子窗体。

先创建一个新的窗体，选中它，并在属性对话框中把MDIChild属性设为True。在本例子中共有两个子窗体分别是Form1和Form2。

（3）程序代码。

```
Private Sub Command1_Click()
    Form1.Show
    Form2.Hide
End Sub
Private Sub Command2_Click()
    Form1.Hide
    Form2.Show
End Sub
Private Sub Command3_Click()
    Form1.Show
    Form2.Show
End Sub
```

7.6　快速创建界面

大部分程序虽然功能不同，但界面基本相同，都有菜单、工具栏和状态栏等。为了提高开发效率，VB提供了"VB应用程序向导"，这是一个程序生成器，可以用来快速生成程序的界面。

打开VB应用程序，执行"文件"菜单中的"新建工程"命令，弹出如图7-24所示的对话框，在对话框中选择"VB应用程序向导"，在向导的提示下设计应用程序的操作界面。

1）选择操作界面

在如图7-25所示的界面中，选择应用程序界面的类型。

一般提供3种操作界面，分别是：

（1）"多文档界面"，同时打开文档，如Word应用程序。

（2）"单文档界面"，只打开一个文档，如写字板编辑器。

（3）"资源管理器样式"，类似于Windows资源管理器。

2）选择菜单和子菜单项

在如图7-26所示的界面中选择想要在应用程序中使用的菜单和子菜单。

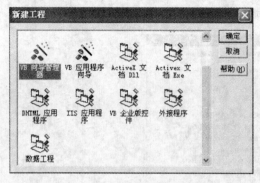

图7-24 "新建工程"对话框

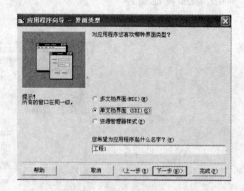

图7-25 "界面类型"对话框

应用程序向导提供了文件、编辑、视图、工具、窗口和帮助等6个菜单名,每个菜单名有若干个子菜单项,用户可选择或取消菜单和菜单项,如图7-26所示。

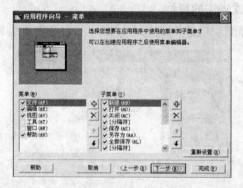

图7-26 "菜单"对话框

3)选择工具栏按钮

在如图7-27所示的界面中,用户可以自定义工具栏。通过移动所要求的按钮到右边列表的自定义工具栏,使用上/下箭头来改变顺序。

应用程序向导提供的工具栏有13个按钮,用户可增加或减少工具按钮,如图7-27所示。

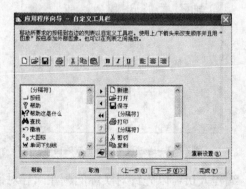

图7-27 "自定义工具栏"对话框

4）添加其他窗体

可以使用向导添加其他常用的窗体，如展示屏幕，如图7-28所示。

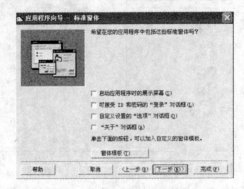

图7-28 "标准窗体"对话框

5）创建基于数据库或查询的窗体

在如图7-29所示的界面中创建生成基于数据库的表和查询的窗体。

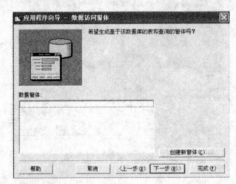

图7-29 "数据访问窗体"对话框

经过以上的创建，可以生成包含以下窗体的工程，如图7-30所示。

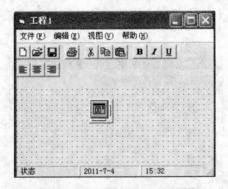

图7-30 通过程序向导生成的窗体

在实际设计过程中，编程人员可以先针对实际问题在向导对话框中进行设置，并对向导所生成的各个窗体加以改进和完善。用向导生成窗体能提高程序设计的效率，节省用户设计界面的工作量。

7.7　本章小结

（1）程序界面设计栏目中讲述了菜单的设计，介绍了菜单编辑器的用法和各种菜单的设计，其中弹出式菜单和下拉式菜单的设计方法相类似，只要把某个菜单设置成隐藏属性就可以了，菜单项可以动态增删，增加菜单的灵活性。

（2）介绍了工具栏和状态栏的设计，工具栏既可以用手工方式制作也可以用工具栏控件完成，其中按钮可以制作成文本按钮也可以制作成图形按钮。状态栏主要由窗格组成，窗格有多种样式，如文本样式、日期和时间样式等，根据需要选择不同的窗格类型。

（3）介绍了多窗体、多文档界面的设计。其中介绍了多窗体的建立、保存等操作，重点介绍了窗体之间的交互操作，多重窗体中相关的属性、方法和事件。同时介绍了多文档界面（MDI）设计，其中介绍了MDI父窗体和子窗体的概念及其建立，同样介绍了相关的属性、方法和事件的使用。

（4）介绍了快速制作界面的方法，通过应用程序向导可以快速建立程序的界面，起到事半功倍的效果。

7.8　习题7

一、选择题

（1）假定有一个菜单项，名为MenuItem，为了在运行时使该菜单项失效(变灰)，应使用的语句为(　　)。

　　A. MenuItem.Enabled=False　　　B. MenuItem.Enable=True

　　C. MenuItem.Visible=True　　　　D. MenuItem.Visible=False

（2）下列关于通用对话框的叙述，错误的是(　　)。

　　A. CommonDialog1.ShowFont显示字体对话框

　　B. 在打开或另存为对话框中，用户选择的文件名可以经FileTitle属性返回

　　C. 在文件打开或另存为对话框中，用户选择的文件名及其路径可以经FileName属性返回

　　D. 通用对话框可以用来制作和显示帮助对话框

（3）在用菜单编辑器设计菜单时，必须输入的项有(　　)。

　　A. 快捷键　　　　B. 标题　　　　　C. 索引　　　　　D. 名称

二、填空题

（1）文件对话框中_____属性用来设置或返回要打开或保存文件的路径及文件名。

（2）可以通过使用通用对话框控件的_____方法来显示字体对话框。

（3）窗体_____方法功能是隐藏运行的窗体，但并不是关闭了该窗体，即不从内存中删除该窗体，与将窗体的Visible属性设置为False具有相同的效果。

（4）菜单是Windows构成程序界面最常用的元素之一，菜单的类型一般分为两类，_____和_____。

三、编程题

设计一个"输入数据窗体"和一个"显示数据窗体"。程序运行时首先出现"显示数据窗体"，单击其上的"显示输入数据窗体"按钮将显示"输入数据窗体"，在该窗体上通过文本框输入数据，当输入数据之后单击"确定"按钮，程序会显示"显示数据窗体"，在该窗体上将会显示用户输入的信息，当单击"取消"按钮时程序结束。

第8章 文件管理

本章主要介绍文件管理方面的知识，包括文件系统控件基本的文件格式以及常用的文件操作的语句和函数。

本章要点

- 文件系统控件，包括驱动器列表控件、目录列表控件和文件列表控件。
- 顺序文件的打开、关闭以及读写操作。
- 二进制文件的打开、关闭以及读写操作。
- 随机文件的打开、关闭以及读写操作。
- 常用文件操作语句和函数，包括filelen函数、shell函数、kill语句、name语句和filecopy语句等。

Visual Basic为用户提供了强大的对文件系统的支持能力，提供两种不同的方法来操作驱动器、文件夹和文件。一种是使用传统的方法诸如 Open、Write等语句；另外一种是使用一套新的工具，即 File System Object（FSO）对象模型，使用户可以很方便地访问文件系统。本章将介绍与文件系统有关的内容，包括文件系统的基本概念、操作文件系统的语句、有关文件系统的标准控件的使用，以及如何在应用程序中进行不同类型文件的读写、文件系统对象，最后介绍关于错误处理方面的内容。

8.1 文件概述

在计算机中，文件是指存放在外部介质上的以文件名为标识的数据集合。一般把程序和数据存储在磁盘或其他外存储器，如光盘、磁带等外部介质上，需要运行某个程序时就从外存储器中将指定的文件按文件名调入内存。在程序运行过程中所需的数据也可从外存储器中按文件名读取，不需要每次临时从键盘输入。

磁盘文件是由数据记录组成。记录是计算机处理数据的基本单位，它由一组具有共同属性相互关联的数据组成。

根据计算机访问文件的方式可将文件分成顺序文件和随机文件。

顺序文件：文件中的数据顺序排列。顺序文件只提供第一个记录的存储位置，在查找数据时必须从头读取，直到查询到所需要的数据为止。例如，要读取文件中的第10个记录，就必须先读出前9条记录，写入记录也是如此。顺序文件的优点是使用简单，占用内存资源较少；缺点是不能对文件进行随机的访问。如果要修改数据，必须先将数据读入内存进行修改，然后再将修改好的数据重新写入文件，效率比较低。顺序文件是最简单、最基本的文件结构。

随机文件：随机文件是可以按任意次序读写的文件。随机文件由固定长度的记录组成，每个记录又由固定数目的字段组成。在设计字段长度时以最大可能为准。每个记录都有一个记录号，在存取数据时只要指明记录号，就可以同时进行输入输出，不必为了查找某个记录而对整个文件进行读、写操作。随机文件的优点是存取速度快，数据更新容易；

缺点是占用空间大，程序设计较繁琐。

根据文件的编码方式分为ASCII码文件和二进制文件。

ASCII码文件：文件存放的是各种数据的ASCII码。一个字节代表一个字符，用2个字节代表一个汉字。因而便于对字符进行逐个处理，也便于打印输出字符，但一般占存储空间较大，而且要花费转换时间，因为计算机内部以二进制形式存储，要转换成ASCII码再输出，在输入时又要先将ASCII码转换成二进制形式，再存放到内存单元中去。

二进制文件：文件存放的是各种数据的二进制代码。除了没有数据类型或者记录长度含义以外，它与随机访问很相似。二进制访问模式以字节数来定位数据，在程序中可以按任何方式组织和访问数据，对文件中各字节数据直接进行存储。用二进制形式输出数值，可以节省外存空间和转换时间，但一个字节并不对应一个字符，不能直接从屏幕上显示出字符形式。一般中间结果数据暂时保存在外存中，以后又需要输入到内存的，常用二进制文件保存。

8.2　文件系统控件

由于应用程序必须将文件从内存存入磁盘，或从磁盘读入文件，所以要显示关于磁盘驱动器、目录和文件的信息。为了方便地利用文件系统，VB提供了两种方法：使用CommonDialog控件提供的标准对话框；使用VB提供的文件系统控件创建自定义对话框。

VB提供了3个文件系统控件，分别是：目录列表框（DirListBox）、驱动器列表框（DriveListBox）和文件列表框（FileListBox）。利用这些控件能够自动地从操作系统获取所需要的信息，用户可以访问这些信息或通过其属性判断每个控件的信息。

8.2.1　驱动器列表框

驱动器列表框是下拉式列表框，在缺省时在用户系统上显示当前驱动器。当该控件获得焦点时，用户可输入任何有效的驱动器标识符，或者单击驱动器列表框右侧的箭头。用户单击箭头时将列表框下拉以列举所有的有效驱动器，如图8-1所示。

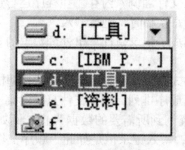

图8-1　驱动器列表

1）属性

除列表框的一般属性外，驱动器列表框还有其自身的特殊属性，即Drive属性。可以将它看做一个特殊的字符串型变量，在设计状态下不可访问，在运行状态下可以使用赋值语句给Drive属性赋值。

格式：

[<对象>.]Drive=<字符串表达式>

其中，格式中对象是驱动器列表框的名字。格式中字符串表达式是一个合法驱动器的名字。

2）事件

在程序运行时，当选择一个新的驱动器或通过代码改变Drive属性的设置时都会触发驱动器列表框的Change事件发生。例如，要实现驱动器列表框Dri1和目录列表框Dir1同步，在该事件过程中添加如下代码：

Dir1.Path = Dri1.drive

8.2.2 目录列表框

目录列表框从最高层目录开始显示用户系统上的当前驱动器目录结构。起初，当前目录名被突出显示，而且当前目录和在目录层次结构中比它更高层的目录一起向根目录方向缩进。在目录列表框中，当前目录下的子目录也缩进显示。在列表中上下移动时将依次突出显示每个目录项，如图8-2所示。

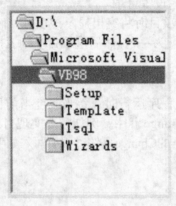

图8-2 目录列表框

1）属性

目录列表框控件的Path属性是目录列表框控件常用的属性，用于返回或设置当前路径。

格式：

对象.Path [= <字符串表达式>]

说明：

对象：对象表达式，其值是目录列表框的对象名。

<字符串表达式>：用来表示路径名的字符串表达式，如"D:\MyJSP"。默认值是当前路径。

如果要在程序中对指定目录及其他下级目录进行操作，就要用到List、ListCount和ListIndex等属性，这些属性与列表框控件对应的属性基本相同。

列表框中的每个目录关联一个整型标识符，可用它来标识单个目录。Path 属性 (Dir1.Path) 指定的目录即目录列表框中当前目录的 ListIndex 值为-1。紧邻其上的目录具有 ListIndex 值- 2，再上一个ListIndex为- 3，依次类推。Dir1.Path 的第一个子目录具有

ListIndex 值 0。若第一级子目录有多个目录，则每个目录的 ListIndex 值按 1、2、3…的顺序依次排列。ListCount是当前目录的下一级子目录数。List属性是一字符串数组，其中每个元素就是一个目录路径字符串。当前目录可用目录列表的Path属性设置或返回当前目录，也可使用List属性来得到当前目录。

例如，Dir1.Path属性和Dir1.List（Dir1.ListIndex）的值相同，都表示当前选择的目录。

可用目录列表框的 Path 属性设置或返回列表框中的当前目录 (ListIndex = −1)。同样，可对驱动器列表框的 Drive 属性赋予目录列表框的 Path 属性：Dir1.Path = Drive1.Drive执行赋值语句时，目录列表框将显示此驱动器上所有有效的目录和子目录。缺省时，目录列表框将显示驱动器当前目录的所有上级目录以及下一级子目录，而驱动器是被指定给Dir1.Path 属性的。目录列表框并不在操作系统级设置当前目录，它只是突出显示目录并将其 ListIndex 值设置为 −1。为设置当前工作目录应使用 ChDir 语句。例如，下列语句将当前目录变成目录列表框中显示的一个目录：ChDir Dir1.Path。在使用文件控件的应用程序中，可用 Application 对象将当前目录设置成应用程序的可执行 (.exe) 文件所在目录：

```
ChDrive App.Path          '设置驱动器
ChDir App.Path            '设置目录
```

单击目录列表框中的某个项目时将突出显示该项目。而双击项目时则把它赋予 Path 属性并把其 ListIndex 属性设置为 − 1，然后重绘目录列表框以显示直接相邻的下级子目录。

2）事件

与驱动器列表框一样，在程序运行时，每当改变当前目录，即目录列表框的Path属性发生变化时，都要触发其Change事件。例如，要实现目录列表框(Dir1)与文件列表框(File1)同步，就要在目录列表框的Change事件过程中写入如下代码：

```
File1.Path = Dir1.Path
```

8.2.3 文件列表框

文件列表框在运行时显示由 Path 属性指定的包含在目录中的文件，如图8–3所示。

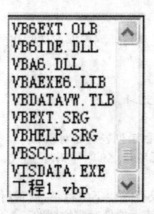

图8–3 文件列表框

1）属性

该控件常用属性有3个：Path属性、Filename属性和Pattern属性。

（1）Path属性。

文件列表框的Path属性，用于返回和设置文件列表框当前目录，设计时不可用。使用格式与目录列表框的Path属性相似。当Path值改变时，会引发一个PathChange事件。

可用下列语句在当前驱动器上显示当前目录中的所有文件：

File1.Path = Dir1.Path

（2）Pattern属性。

用于返回或设置文件列表框所显示的文件类型，可在设计状态设置或在程序运行时设置，默认时表示所有文件。设置形式为：

对象.Pattern [= value]

其中，value是一个用来指定文件类型的字符串表达式，并包含通配符"*"和"?"。例如，下列代码行将显示所有扩展名为 .frm 和 .txt 的文件：

File1.Pattern = "*.frm; *.txt"

Visual Basic 支持 ? 通配符。例如，???.txt 将显示所有文件名包含3个字符且扩展名为 .txt 的文件。

（3）其他属性。

文件列表框的属性也提供当前选定文件的属性（Archive、Normal、System、Hidden 和 ReadOnly）。可在文件列表框中用这些属性指定要显示的文件类型。System 和 Hidden 属性的缺省值为 False。Normal、Archive 和 ReadOnly属性的缺省值为 True。例如，为了在列表框中只显示只读文件，直接将 ReadOnly 属性设置为 True并把其他属性设置为 False。当 Normal = True 时将显示无 System 或 Hidden 属性的文件。当 Normal =False 时也仍然可显示具有 ReadOnly 和/或 Archive 属性的文件，只需注意将这些属性设置为 True。

注意：

缺省时，在文件列表框中只突出显示单个选定文件项。要选定多个文件，应使用 MultiSelect 属性。

2）事件

（1）PathChange事件。

当路径被代码中FileName或Path属性的设置所改变时，此事件发生。

说明：

可使用PathChange是用过程来响应FileLiseBox控件中路径的改变。当将包含新路径的字符串给FileName属性赋值时，FileListBox控件就触发PathChange事件过程。

（2）PatternChange事件。

当文件的列表样式被代码中对FileName或Path属性的设置所改变时，此事件发生。

说明：

可使用PattenChange事件过程来响应FileListBox控件中样式的改变。

（3）Click、DbClick事件。

在文件列表框中单击，选中所单击的文件，将改变ListBox属性值，并将FileName的值设置为所单击的文件名字符串。

例如：单击输出文件名

Private Sub File1_Click()

```
    MsgBox File1.FileName
    End Sub
```
程序运行界面如图8-4所示。

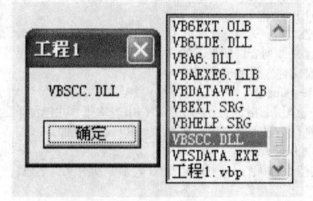

图8-4　输出文件名

8.2.4　文件系统控件的同步操作

如果使用文件系统控件的组合，则可同步显示信息。有缺省名为Drive1、Dir1 和 File1 的驱动器列表框、目录列表框和文件列表框，设置文件列表框的Patten属性为.txt。事件可能按如下顺序发生：

在窗体载入时，设置文件列表框的Patten属性，使得列表框中只显示jsp文件：

```
    Private Sub Form_Load()
        File1.Pattern = "*.jsp"                '设置文件列表框显示jsp类型
    End Sub
```

用户选定 Drive1 列表框中的驱动器。生成 Drive1_Change 事件，更新 Drive1 的显示以反映新驱动器，如图8-5所示。

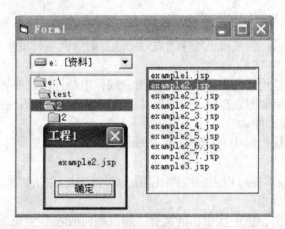

图8-5　文件系统控件同步操作

Drive1_Change 事件过程的代码使用下述语句，将新选定项目（Drive1.Drive 属性）赋予 Dir1 列表框的 Path 属性：

```
Private Sub Drive1_Change ()
    Dir1.Path = Drive1.Drive
End Sub
```

Path 属性赋值语句生成 Dir1_Change 事件并更新 Dir1 的显示以反映新驱动器的当前目录。Dir1_Change 事件过程的代码将新路径（Dir1.Path 属性）赋予 File1 列表框的 File1.Path 属性：

```
Private Sub Dir1_Change ()
    File1.Path = Dir1.Path
End Sub
```

File1.Path 属性赋值语句更新 File1 列表框中的显示以反映 Dir1 路径指定。用到的事件过程及修改过的属性与应用程序使用文件系统控件组合的方式有关。

在文件列表框中单击，选中所单击的文件，显示文件名字。

```
Private Sub File1_Click()
    MsgBox File1.FileName
End Sub
```

8.3　顺序文件

顺序文件中记录的逻辑顺序与物理顺序是一致的，它的特点是：文件中各记录写入、存放和读出三者的顺序是一致的。顺序文件通常用于保存成批处理的大量数据，一般不会要求对这些数据中的个别数据进行修改。

8.3.1　打开、关闭顺序文件

使用顺序文件存取数据主要有3个步骤：打开文件、写入或读取数据、关闭文件。下面先介绍顺序文件的打开、关闭操作。

1）打开顺序文件

在对任何文件作输入、输出操作之前，必须先打开文件。在VB中使用Open语句打开要操作的文件，其格式如下：

格式1：Open<文件名>，For Output As[#]<文件号>

格式2：Open<文件名>，For Append As[#]<文件号>

格式3：Open<文件名>，For Input As[#]<文件号>

其中：

文件号是程序设计中文件的唯一标识，所有的文件操作中均使用文件号，而不使用文件名，包括读、写数据，关闭文件。一个有效的文件号，范围在 1 到 511 之间。使用 FreeFile 函数可得到下一个可用的文件号。

文件名和文件号由用户指定。对文件作任何 I/O 操作之前都必须先打开文件Open 语句分配一个缓冲区供文件进行 I/O 之用，并决定缓冲区所使用的访问方式。

格式1用于在磁盘上创建（打开）一个新的顺序文件。文件打开后，文件指针位于文件开头，等待用户把数据写（输出）到文件中。若磁盘上有同名文件则该文件被删除。

格式2用于打开一个顺序文件。文件打开后，文件指针位于文件末尾，写入的新数据将加到原文件的后面。若磁盘上没有该文件，则创建一个新文件，在这种情况下，作用与格式1相同。因为对于新文件，文件头也就是文件尾。

格式3用于打开一个存在的顺序文件用来读取字符。如果文件不存在，就会产生一个错误。

例如，使用下面的语句打开一个顺序文件：

Open "C:\temp\test.txt" For Input As #1

将打开C:盘temp目录下的一个名为test.txt的文件并指定文件号为1，在打开文件后，就可以从文件中读取字符。注意：当使用Input方式打开文件时，文件必须存在。

2）关闭顺序文件

打开的文件操作完成后，应当关闭。使用Close语句完成关闭文件。格式如下：

Close[[#]<文件号1>][,[#]<文件号2>]...

其中，文件号是可以省略的，如果省略，则将关闭Open语句打开的所有活动文件。

例如：

Close #1   '文件号为1的文件将关闭

8.3.2　读写顺序文件操作

顺序文件的读写操作与标准输入输出十分类似。其中，读操作是指将文件中的数据读到内存，标准输入是从键盘上输入数据，因此键盘设备也可以看做是一个文件。写操作是把内存中的数据输出到屏幕上，因而屏幕设备也可以看做是一个文件。

1）写数据

必须用Output或Append方式打开顺序文件，才可以实现顺序文件的数据写入。写入数据用于实现按规定格式把输出表中的数据写到由文件号所代表的磁盘文件中，通过Print语句或Write语句实现。格式如下：

格式1：Print#<文件号>，[<输出列表>][,]

格式2：Write#<文件号>，[<输出列表>][,]

其中：

输出列表可包含任意数目的字符串表达式和数值表达式，表达式间以逗号或分号分隔。Print# 语句中的表达式间用分号分隔时，字符串表达式以紧凑格式连续输出不留空位。对于数值表达式，在正数前输出一个空格，负数前输出一个负号，正、负数后均输出一个空格。Print# 语句中的表达式间以逗号分隔时为分区输出。每一项都从一个打印区的开头开始。顺序文件中的每一行部分成相同长度的区，区长度的默认值为14个字符。Print# 语句若以分号结束，则下一输出项接着输出；若以逗号结束，则下一输出项从下一打印区开始；若两者均无，则另起一行。

Write语句如果省略输出列表，并在文件号之后加上一个逗号，则会将一个空白行打印到文件中。多个表达式之间可用空格、分号或逗号隔开，空格和分号等效。在把表达式的值写入文件时，在表达式之间插入逗号，并在字符串表达式的前后插入双引号。

与 Print # 语句不同，当要将数据写入文件时，Write # 语句会在项目和用来标记字符串的引号之间插入逗号。没有必要在列表中键入明确的分界符。Write # 语句在将输出列表中的最后一个字符写入文件后会插入一个新行字符，即回车换行符。

【例8-1】打开文件后分别使用Print和Write语句输出格式的不同，如图8-6显示，是用记事本打开两个输出文件后的结果。

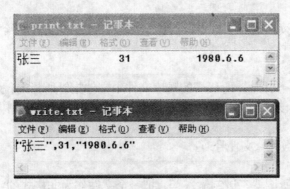

图8-6 写操作运行结果

【代码】

```
Private Sub Command1_Click()
    Open "e:\vb\print.txt" For Output As #1
    Print #1, "张三", 31, "1980.6.6"
    Close #1
End Sub
Private Sub Command2_Click()
    Open "e:\vb\write.txt" For Output As #1
        Write #1, "张三", 31, "1980.6.6"
        Close #1
End Sub
```

2）读顺序文件操作

读顺序文件分3步进行：打开文件、读入数据、关闭文件。其中打开文件、关闭文件与上述写操作时相同。

顺序文件的读入数据步骤有两个语句和一个函数可供使用：Input#语句、Line Input#语句、Input$函数。

（1）Input #语句。

Input#语句是从文件指针所指的位置起把文件中的数据依次读入变量表中。

格式如下：

　　Input# <文件号>,<变量列表>

其中：

① 变量表中各变量名用逗号分隔，用来接纳文件中的数据。

② 变量的类型和次序必须与文件中的数据匹配。

③ 变量表中不能使用结构类型变量名，例如不能使用数组名。

④ 从文件指针所指的位置开始读，自动跳过前导空格，从前导空格后的第一个字符起读入变量表中。

（2）Line Input#语句。

Line Input#语句从顺序文件指针所指的位置起读取一个完整的行分配给字符串变量，通常用 Print # 将 Line Input # 语句读出的数据从文件中写出来。其格式如下：

Line Input#<文件号>,<字符串变量>

其中：

Line Input#可以读取顺序文件中一行的全部字符，并将它分配给字符变量，直至遇到回车符为止。

（3）Input$函数。

Input$ 函数是从<文件号>所代表的顺序文件中文件指针所指的位置起，读出一串字符作为函数的返回值。该串字符的长度由<字符数>参数指定，与文件中数据项的划分无关。其格式如下：

Input$ (<字符数>,#<文件号>)

其中：

Input$ 函数执行所谓"二进制输入"，把一个文件作为非格式的字符流来读取。

当需要用程序从文件中读取单个字符时，或者是用程序读取一个二进制的或非ASCII码文件时，使用Input$ 函数。

与 Input # 语句不同，Input 函数返回它所读出的所有字符，包括逗号、回车符、空白列、换行符、引号和前导空格等。

（4）Eof函数。

Eof函数将返回一个表示文件指针是否到达文件末尾的标志。如果到了文件末尾，文件返回True，否则返回False。

（5）Lof函数。

Lof函数将返回某文件的字节数。例如，Lof(1)返回 # 1文件的长度，如果返回0值，则表示该文件是一个空文件。

（6）Loc函数。

Loc函数将返回在一个打开文件中读取的记录号；对于二进制文件，它将返回最近读写的一个字节的位置。

【例8-2】实现从文件write.txt中读取所有文本，然后显示在TextBox中。第一个命令按钮功能是一个字符一个字符读取文件内容，第二个命令按钮是一行一行读取文件内容，运行结果如图8-7所示，代码如下：

```
Private Sub Command1_Click()
Dim str As String
    Open "e:\vb\write.txt" For Input As #1
    Text1.Text = ""
    Do While Not EOF(1)
        Input #1, str
        Text1.Text = Text1.Text + str
    Loop
    Close #1
End Sub
Private Sub Command2_Click()
    Dim line As String
    Open "e:\vb\write.txt" For Input As #1
    Text1.Text = ""
    Do While Not EOF(1)
        Line Input #1, line
        Text1.Text = Text1.Text + line + Chr(13) + Chr(10)
```

```
        Loop
        Close #1
    End Sub
```

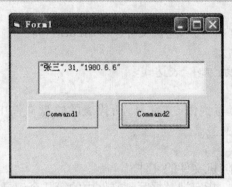

图8-7　读文件运行结果

8.4　随机文件

随机存取文件又称为记录文件，由固定长度的记录顺序排列而成，每个记录可由多个数据项组成。由于它定长，所以可直接定位在任意一个记录上进行读或写，以便于查询和修改。随机文件有以下特点：

随机文件的记录是定长的，只有给出记录号n才能通过"(n-1)×记录长度"计算出该记录与文件首记录的相对地址。因此，在用Open语句打开文件时必须指定记录的长度。

每个记录划分为若干个字段，每个字段的长度等于相应的变量的长度。

各变量要按一定格式置入相应的字段。打开随机文件后，既可读也可写。

随机文件以记录为单位进行操作，使用随机文件分3个步骤：打开文件、读/写文件和关闭文件。本节中"记录"兼有两方面的含义，一个是记录类型，即用Type…End Type语句定义的类型；另一个是要处理的文件的记录。两者有联系，也有区别，要注意区分。

8.4.1　打开、关闭随机存取文件

1）打开文件

此处的打开文件是指打开随机文件，无论是创建新文件还是读/写已经存在的文件，都以同一Open命令打开。

格式：

Open<文件名>FOR Random AS[#]<文件号>LEN = <记录长度>

其中：

（1）在磁盘上打开一个名叫<文件名>的随机存取文件，建立<文件名>与<文件号>的关联。规定该文件每个记录所含字节数=<记录长度>。

（2）文件打开后，文件指针指向文件头。

（3）如果原来没有此文件，则自动创建一个新文件。

（4）在该文件关闭以前，各种文件操作均使用<文件号>。

（5）文件打开后，既可以读也可以写。

2）关闭文件

与顺序文件的关闭方法相同，都使用Close语句。

8.4.2 读写随机存取文件

1）写入随机文件

写入数据是将数据从内存写入随机文件，使用Put语句。

格式：

　　Put#<文件号>,[<记录号>],<表达式>

功能：

该语句把表达式的值写到由<文件号>所代表的磁盘文件中<记录号>所指定的记录处，原有的记录内容将被覆盖。

说明：

<文件号>是已打开的随机文件的文件号。

<记录号>是可选参数，指定把数据写到文件中的第几个记录上。如果省略<记录号>，则写到文件指针所指的记录处，即上一次读写记录的下一个记录。如打开文件，尚未进行读写，则为第一个记录。记录号应为大于等于1的整数。

<表达式>是要写入文件中的数据，可以是变量。

2）读随机文件

使用Get语句完成随机文件读操作。

格式：

Get#<文件号>,[<记录号>],<变量名>]

功能：

随机文件的读操作把文件中由<记录号>所指定记录的内容读入指定的变量中。如果省略<记录号>，则把文件指针所指的记录内容读入指定的变量中。

说明：

（1）变量可以是任何类型。

（2）记录号是1～2 147 483 647之间的整数。

（3）记录号可以默认，但逗号不能省。省去记录号则使用文件指针当前所指的记录。

文件指针指向最近一次Put或Get语句操作记录的下一记录或最近一次由Seek语句定位的记录，以最后一个操作为准。

8.4.3 记录操作

随机文件又称为记录文件，常用操作有删除记录、增加记录、替换记录。

【例8-3】实现一个简单的学生信息管理，通过该示例将详细展示添加、删除、修改记录的过程。程序的运行界面如图8-8所示。

1）程序初始化和退出

程序需要进行必要的初始化准备工作，需进行以下操作：

（1）在程序的通用部分声明相应的变量。

（2）在程序加载时，在Load事件中打开一个随机文件，并显示第一条记录。

（3）在程序退出前关闭所打开的随机文件。

图8-8 学生信息管理运行界面

程序初始化和退出过程如下：

```
Private Type StuInfo                          '自定义类型
    name As String * 9                        '学生姓名
    id As String * 9                          '学号
    age As Integer                            '年龄
    score As Integer                          '分数
End Type
Private student As StuInfo
Private endpos As Long                        '保存新添加记录的记录号
Private curpos As Long                        '保存当前的记录号
Private Sub Form_Load()
    Open "E:\vb\student.txt" For Random As #1 Len = Len(student)
    endpos = LOF(1) / Len(student) + 1        '计算新添加记录的记录号
    curpos = 1
    If LOF(1) / Len(student) >= 1 Then        '有记录则显示第一个记录
        Get #1, 1, student
        Text1.Text = student.name
        Text2.Text = student.id
        Text3.Text = student.age
        Text4.Text = student.score
    End If
End Sub
Private Sub Form_Unload(Cancel As Integer)
    Close #1                                  '关闭随机文件
End Sub
```

2）删除记录

对于随机文件，删除一条记录是依次将该记录的下一条记录前移来覆盖需要删除的记录，后面将会出现重复的记录。为了改变记录数，消除重复的记录，需要进行以下操作：

（1）生成一个新的随机文件。

（2）将旧文件中的记录拷贝到新文件中，在尾部的重复记录除外。

（3）关闭这两个文件。

（4）用Kill语句删除旧文件，复制原文件的所有记录到新文件。

（5）用Name语句将新文件名改成原文件名。

记录的删除过程如下：

```
Private Sub command1_Click()
    Open "E:\vb\temp.tmp" For Random As #2 Len = Len(student)
    For i = 1 To endpos − 1                    '拷贝其他记录到临时文件
      If i <> curpos Then
        Get #1, i, student
        Put #2, , student
      End If
    Next i
    endpos = endpos − 1
    Close #1, #2
    Kill ("E:\vb\student.txt")                 '删除原文件
    Name "E:\vb\temp.tmp" As "E:\vb\student.txt"   '重命名
    Open "E:\vb\student.txt" For Random As #1 Len = Len(student)
End Sub
```

3）增加记录

对于随机文件，增加记录实际上是加到文件尾，增加记录的步骤如下：

（1）找到随机文件的记录数，即最后一个记录的记录号，将记录数加1。

（2）输入需要增加的记录。

（3）将输入的记录用Put语句写到后面文件的后面。

（4）如果还有记录需要增加，重复上面的步骤。

记录的添加过程如下：

```
Private Sub command2_Click()
    endpos = LOF(1) / Len(student) + 1
    student.name = Text1.Text
    student.id = Text2.Text
    student.age = Text3.Text
    student.score = Text4.Text
    Put #1, endpos, student
    curpos = endpos
    endpos = endpos + 1
End Sub
```

4）修改记录

用新的记录代替原有的记录，替换记录的步骤如下：

（1）给出被替换的记录号。

（2）输入新记录。

记录的修改过程如下：

```
Private Sub command3_Click()                    '记录的修改
    student.name = Text1.Text
    student.id = Text2.Text
    student.age = Text3.Text
    student.score = Text4.Text
    Put #1, curpos, student
End Sub
```

5）显示下一条记录

可以显示下一条记录，具体操作如下：

（1）增加curpos的值，使其指向下一条记录，当指到最后一条记录时给一个提示消息。

（2）显示当前指针指向的记录。

显示下一条记录过程如下：

```
Private Sub Command4_Click()
    If curpos < endpos − 1 Then
        curpos = curpos + 1
    Else
        MsgBox "已经是最后一条记录了！"
    End If
        Get #1, curpos, student
        Text1.Text = student.name
        Text2.Text = student.id
        Text3.Text = student.age
        Text4.Text = student.score
End Sub
```

6）显示上一条记录

可以显示上一条记录，具体操作如下：

（1）增加curpos的值，使其指向上一条记录，当指到第一条记录时给一个提示消息。

（2）显示当前指针指向的记录。

显示上一条记录过程如下：

```
Private Sub Command5_Click()
    If curpos > 1 Then
        curpos = curpos − 1
    Else
        MsgBox "已经是第一条记录了！"
    End If
        Get #1, curpos, student
        Text1.Text = student.name
        Text2.Text = student.id
```

```
        Text3.Text = student.age
        Text4.Text = student.score
End Sub
```

8.5 二进制文件

二进制文件按字节存储信息。因为文件中的字节可以代表任何东西，所以二进制访问能提供对文件的完全控制。一般需要使文件的大小尽量小时，应该使用二进制方式进行访问。

8.5.1 打开、关闭二进制文件

1）打开二进制的文件

使用以下Open 语句的语法：

　　Open <文件名> For Binary As <文件号>

通过使用二进制方式访问文件，可以使磁盘空间的使用降到最小。因为二进制文件不需要固定长度的字段，类型声明语句可以省略字符串长度参数。

2）关闭文件

与关闭顺序文件、随机文件的方法相同，都使用Close语句。

8.5.2 读写二进制文件

二进制文件的读写使用与随机文件相同的语句。

格式：

　　[Get|Put] [#]<文件号>,<插入位置>,<变量名>

说明：

（1）变量名参数可以是任何类型的变量，包括可变长度的字符串以及用户自定义的类型。

（2）插入位置参数指明Get或Put语句要处理的位置（文件中的第一个字节位置是1）。如果省略插入位置，则表示从文件指针所指的当前位置开始写入。

【例8-4】定义了一个名为Person的变长记录，实现了在二进制文件中记录的写入以及读取。程序运行界面如图8-9所示。

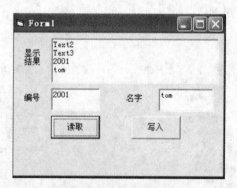

图8-9　二进制文件读写

代码如下：

```
Private Type student                              '定义字符串长度为变长的记录
    ID           As String
    Name         As String
End Type
Private s1 As student
Private Sub Command1_Click()
    Open "E:\vb\stu.txt" For Binary As #1         '打开二进制文件
    Text1.Text = ""
    Do While Loc(1) < LOF(1)                      '当前读取位置比文件长度小时进入循环
        Get #1, , s1                              '将文件中指定位置中的文件内容读取到变量中
        Text1.Text = Text1.Text + s1.ID + Chr(13) + Chr(10)
        Text1.Text = Text1.Text + s1.Name + Chr(13) + Chr(10)
    Loop
    Close #1
End Sub
Private Sub Command2_Click()
    Open "E:\vb\stu.txt" For Binary As #1
    s1.ID = Text2.Text
    s1.Name = Text3.Text
    Put #1, LOF(1) + 1, s1                        '将记录添加到文件的末尾
    Close #1
End Sub
```

8.6 常用的文件操作语句和函数

文件的操作指的是文件的删除、拷贝、移动、改名、调用等。在Visual Basic中，可以通过相应的语句及函数执行这些基本操作。

8.6.1 常用函数

1）FileLen函数

返回Long型值，表示文件的字节数。可用于未打开的文件。

格式：

FileLen(pathname)

其中，必要的 pathname 参数是用来指定一个文件名的字符串表达式。pathname 可以包含目录或文件夹以及驱动器。当调用 FileLen 函数时，如果所指定的文件已经打开，则返回的值是这个文件在打开前的大小。

2）FreeFile函数

返回Integer型值，代表可供Open语句使用的文件号。

格式：

FreeFile[(rangenumber)]

其中，可选的参数 rangenumber 是一个 Variant，它指定一个范围，以便返回该范围之

内的下一个可用文件号。指定 0（缺省值）则返回一个介于 1~255 之间的文件号。指定 1 则返回一个介于 256~511 之间的文件号。

3）Shell函数

Shell函数调用执行一个可执行文件。

格式：

  Shell(pathname[,windowstyle])

其中，pathname 为必要参数。Variant (String)，要执行的程序名，以及任何必需的参数或命令行变量，可能还包括目录或文件夹，以及驱动器。Windowstyle 为可选参数。Variant (Integer)，表示在程序运行时窗口的样式。如果 windowstyle 省略，则程序是以具有焦点的最小化窗口来执行的。

8.6.2 常用语句

文件的基本操作包括文件的删除、复制、移动、改名等。

1）Kill语句

用于删除磁盘上的文件。

格式：

  Kill pathname

其中，必要的pathname参数是用来指定一个文件名的字符串表达式。pathname可以包含目录或文件夹以及驱动器。在 Microsoft Windows 中，Kill 支持多字符 (*) 和单字符 (?) 的通配符来指定多重文件。

2）Name语句

用于将文件改名。

格式：

  Name oldpathname As newpathname

Name 语句可以重新命名文件并将其移动到一个不同的目录或文件夹中。而且Name 可跨驱动器移动文件。但当 newpathname 和 oldpathname 都在相同的驱动器中时，只能重新命名已经存在的目录或文件夹。Name不能创建新文件、目录或文件夹。

在一个已打开的文件上使用 Name，将会产生错误。必须在改变名称之前，先关闭打开的文件。Name 参数不能包括多字符 (*) 和单字符 (?) 的通配符。

3）FileCopy语句

用于复制文件，如果想要对一个已打开的文件使用 FileCopy 语句，则会产生错误。

格式：

  FileCopy source, destination

其中，source 为必要参数。字符串表达式，用来表示要被复制的文件名。source 可以包含目录或文件夹，以及驱动器。destination 为必要参数，字符串表达式，用来指定要复制的目的文件名。destination 可以包含目录或文件夹以及驱动器。

4）ChDrive语句

用于改变当前的驱动器。

格式：

  ChDrive drive

其中，必要的 drive 参数是一个字符串表达式，它指定一个存在的驱动器。如果使

用零长度的字符串 ("")，则当前的驱动器将不会改变。如果 drive 参数中有多个字符，则 ChDrive 只会使用首字母。

5）ChDir语句

用于改变当前的目录或文件夹。

格式：

ChDir path

其中，必要的 path 参数是一个字符串表达式，它指明哪个目录或文件夹将成为新的缺省目录或文件夹。path 可能会包含驱动器。如果没有指定驱动器，则 ChDir 在当前的驱动器上改变缺省目录或文件夹。ChDir 语句改变缺省目录位置，但不会改变缺省驱动器位置。例如，如果缺省的驱动器是 C，则下面的语句将会改变驱动器 D 上的缺省目录，但是 C 仍然是缺省的驱动器：ChDir "D:\TMP" 。

6）MkDir语句

用来创建一个新的目录或文件夹。

格式：

MkDir path

其中，必要的 path 参数是用来指定所要创建的目录或文件夹的字符串表达式。path 可以包含驱动器。如果没有指定驱动器，则 MkDir 会在当前驱动器上创建新的目录或文件夹。

7）RmDir语句

用来删除一个存在的目录或文件夹。

格式：

RmDir path

其中，必要的 path 参数是一个字符串表达式，用来指定要删除的目录或文件夹。path 可以包含驱动器。如果没有指定驱动器，则 RmDir 会在当前驱动器上删除目录或文件夹。如果想要使用 RmDir 来删除一个含有文件的目录或文件夹，则会发生错误。在试图删除目录或文件夹之前，先使用 Kill 语句来删除所有文件。

8.7 本章小结

本章介绍了在Visual Basic 6.0中操作文件的基本知识。学习完本章后，应掌握以下内容：

（1）文件系统的基本概念和类型。

（2）顺序文件的打开、数据读写、关闭操作。

（3）随机文件的打开、数据读写、关闭操作。

（4）二进制文件的打开、数据读写、关闭操作。

（5）常用的文件管理语句和函数。

（6）驱动器列表框、目录列表框、文件列表框的使用。

（7）使用文件系统对象操作文件和文件夹。

有了本章关于文件操作的知识，用户在应用程序中就可以方便、灵活地管理文件和文件夹，有效地利用系统资源。

8.8 习题8

一、选择题

（1）要求以只读方式打开顺序文件"c:\FileUser.txt"，以便进行读取数据的操作。以下能够正确打开文件的命令是（   ）。

A. Open"c:\mytxt.txt" for Input Access Read As #1

B. Open"c:\mytxt.txt" for Output Access Read As #1

C. Open"c:\mytxt.txt" for Input As #1

D. Open"c:\mytxt.txt" for Output As #1

（2）从随机文件中读取数据的命令是（   ）。

A. Put　　　　　　B. Get　　　　　C. Print　　　　　D. Input

（3）下面关于文件的叙述中，错误的是（   ）。

A. 随机文件中各条记录的长度是相同的

B. 打开随机文件时采用的文件存取方式应该是Random

C. 向随机文件中写数据应使用语句Print#文件号

D. 打开随机文件与打开顺序文件一样，都使用Open语句

二、填空题

（1）目录列表框控件的_____属性是目录列表框控件常用的属性，用于返回或设置当前路径。

（2）除列表框的一般属性外，驱动器列表框还有其自身的特殊属性，即_____属性，用来返回或设置当前驱动器。

（3）文件列表框中_____属性用于返回或设置文件列表框所显示的文件类型。

（4）在对任何文件作输入、输出操作之前，必须先打开文件，在VB中使用_____语句打开要操作的文件。

（5）打开的文件操作完成后，应当关闭，使用_____语句完成关闭文件。

（6）文件操作常用方法中_____方法返回Long型值，表示文件的字节数。

三、编程题

（1）通过键盘输入若干数据，并将数据保存到顺序文件stu1.txt中，数据项包括学号，姓名，性别，数学、外语和计算机成绩。

（2）从上面文件stu1中读取数据，将其中平均成绩不及格学生的数据存入一个新文件f1.txt中。

第9章　数据库编程基础

本章主要介绍数据库编程，包括数据库的基本原理、数据库访问的基本方式等。

本章要点

- 理解数据库的基本概念。
- 熟悉VB进行数据库访问的基本方式。
- 掌握Data控件和ADO Data控件的基本用法。
- 了解在VB中使用SQL的基本方式。

9.1　数据库概述

随着计算机科学与技术的发展，数据库技术应用领域已从数据处理、信息管理即事物处理扩大到计算机辅助设计、人工智能、决策支持系统和网络应用等新的领域。数据库系统的推广使用，使得计算机应用迅速渗透到国民经济的各个部门和社会的每一个角落，并改变着人们的工作方式和生活方式。因此，数据库系统已成为计算机应用系统中重要的支撑性软件。

9.1.1　数据库技术的发展

数据管理技术是应数据管理任务的需要而产生的。在数据管理应用需求的推动下，在计算机硬件、软件发展的基础上，数据管理技术经历了以下三个阶段：

1）人工管理阶段

20世纪50年代中期以前的计算机主要用于科学计算，数据处理都是通过手工方式进行的。当时外存没有磁盘等直接存取的存储设备；软件没有操作系统，数据的处理是批处理。在那个阶段，计算机的程序和数据不具独立性，各个程序使用自己的数据。数据是面向程序的，程序间的数据不能共享，从而造成数据的冗余和难以管理。

2）文件系统阶段

20世纪50年代后期到60年代中期，计算机不仅用于科学计算，还大量用于管理工程中，这时已有操作系统，在操作系统中有专门的数据管理软件，一般称为文件系统。程序和数据之间部分实现了相互的独立性，一些数据不再属于某个特定程序，可以重复使用，但数据冗余度大，易造成数据的不一致性、程序与数据相互依赖、应用程序设计困难等。文件系统阶段是数据库系统发展的初级阶段，但不是真正的数据库系统。

3）数据库系统阶段

由于文件系统的缺陷，20世纪60年代末期，人们对文件系统进行了扩充，研制了一种结构化的数据组织和处理方式，才出现了真正的数据库系统。数据库为统一管理与共享数据提供了有力支撑，这个时期数据库系统蓬勃发展，形成了有名的"数据库时代"。数据库系统建立了数据与数据之间的有机联系，实现了统一、集中、独立地管理数据，使数据的存取独立于使用数据的程序，实现了数据的共享。

9.1.2　数据库基本概念

　　根据数据模型，数据库可以分为层次数据库、网状数据库和关系数据库3种。关系模型是建立在严格的数学概念的基础上的。在关系模型中，实体以及实体间的联系都是用关系表示的。在用户看来，一个关系模型的逻辑结构是一张二维表，它由行和列组成。无论实体还是实体之间的联系都用关系来表示，对数据的检索结果也是关系（即表），因此概念单一，其数据结构简单、清晰。关系模型的存取路径对用户透明，从而具有更高的数据独立性、更好的安全保密性，也简化了程序员的工作和数据库开发建立的工作。

　　目前，关系型数据应用最为广泛，已经成为数据库设计事实上的标准。这不仅因为关系模型自身的强大功能，而且还由于它提供了叫做结构化查询语言(SQL)的标准接口，本章所讨论的数据库也是关系数据库。

　　关系数据库的结构由关系（即表，Table）组成，如表9-1所示，每个表都有一个名称，称作表名，一般来说，同一个数据库中的表名不能相同。表中存储了若干行的数据，每一行数据称作一条"记录"（Record）。表中纵向栏称作列，又称作"字段"（Field）。每一个字段（列）都有一个名称，称作字段名或列名。同一个表中，列名不能相同。应用程序通过表名和列名访问数据库中的数据。关系表中的某个字段或某些字段的组合在全表中是唯一的，这保证了可以通过这个唯一来标识一条记录，这种标识定义为主键（Primary Key）。

表9-1　关系模型示例

学号	姓名	性别	出生日期	专业
2010001	张三	男	1988-05-08	计算机
2010002	李四	女	1988-07-23	机械
2010003	赵五	男	1988-01-18	计算机

　　在许多数据库的访问过程中，要求表中的记录按照一定顺序排列，为了提高数据库的访问效率，通常建立一个较小的表——索引表，该表中只含有索引字段和记录号。索引是加快数据库访问的一种手段，目的是实现对数据行的快速、直接存取而不必扫描整个表。通过索引表可以快速确定要访问记录的位置（如用折半法查找记录）。

9.2　数据库管理器

　　大型数据库（如Oracle、Sybase等）不能由Visual Basic 6.0创建，要创建这些类型的数据库，需要使用相应数据库管理系统提供的工具来完成。但VB6.0提供了创建Microsoft Access数据库和其他一些数据库的工具——"可视化数据管理器"。VB提供的可视化数据管理器（Visual Data Manager）是一个非常实用的工具。使用它可以方便地建立数据库、数据表和数据查询，可以自动生成VB的数据窗体（含基本程序代码），从而很容易地建立一个VB数据库管理程序。由于它使用可视化的操作界面，因此很容易为用户所掌握。

　　在Visual Basic开发环境内单击"外接程序"菜单中的"可视化数据管理器"选项或运行Visual Basic系统目录中的Visdata.exe，都可启动VB的可视化数据管理器，如图9-1

所示。使用可视化数据管理器建立的数据库是Access数据库（类型名为.mdb），可以被Access直接打开和操作。

图9-1　可视化数据管理器

在可视化数据管理器窗口的菜单栏中，有"文件"、"实用程序"、"窗口"和"帮助"四个菜单，其提供的主要菜单命令如下：

（1）"文件"菜单中提供数据库的新建、打开和退出等命令。

（2）"实用程序"菜单中提供查询生成器和数据窗体设计等命令。

（3）"窗口"菜单中提供窗口平铺和层叠等命令。

可视化数据管理器可以管理诸如 Access、dBase、FoxPro、Paradox和Excel等数据库。下面以Access数据库为例，介绍如何新建数据库，打开已建数据库，修改数据库表的结构，查询和修改数据库的内容，以及如何使用可视化数据管理器进行数据库应用程序设计等内容。

1）创建数据库

在可视化数据管理器的菜单栏中，选择"文件"菜单中的"新建"，随后在其子菜单中选择Microsoft Access（M）及下级子菜单中的Version 7.0 MDB（7），打开"选择要创建的Microsoft Access数据库"对话框。在该对话框的"保存类型"框中选择库文件类型，在"保存在"框中选择路径，在"文件名"框中输入库文件名，最后单击"保存"按钮即可创建一个如图9-2所示的数据库。在该图中包括两个窗口：左边的是"数据库窗口"，用于显示数据库；右边的是"SQL语句"窗口，用于输入查询数据库内容所用的结构化查询SQL语句。但要注意的是：数据库虽然已建立，但库中现在还没有任何表文件。

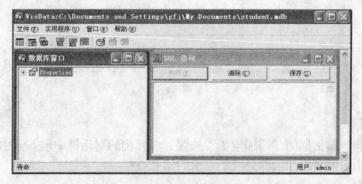

图9-2　创建数据库

2）向数据库中添加数据表

在数据库窗口中单击鼠标右键，在其弹出的快捷菜单中单击"新建表"命令，将显示如图9-3所示的"表结构"对话框。在"表名称"框中输入表名，之后单击"添加字段"按钮，打开如图9-4所示的"添加字段"对话框。

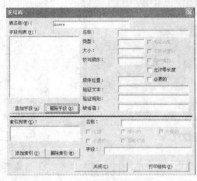

图9-3 "表结构"对话框

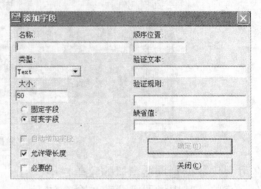

图9-4 "添加字段"对话框

"添加字段"对话框包括名称、类型、大小等对话框选项。其中，"顺序位置"确定字段的相对位置，即字段在表中的物理位置；"验证文本"是在用户输入的字段值无效时，应用程序显示的消息文本；"验证规则"确定字段中可以添加什么样的数据；"缺省值"确定字段的默认值。

在"添加字段"对话框中，依次输入每个字段的名称、类型、大小（宽度）后单击"确定"按钮，直至建成表的所有字段，最后单击"关闭"按钮退出"添加字段"对话框，返回"表结构"对话框。单击"生成表"按钮，数据管理器将创建该表，之后返回如图9-5所示的"数据库窗口"。在其"数据库窗口"中将能看到创建的新表及其字段（展开Fields）。

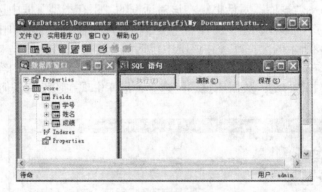

图9-5 数据库窗口

3）建立索引

单击"表结构"对话框的"添加索引"按钮，在弹出的对话框中输入索引名称，选择索引字段后，单击"确定"按钮即完成了索引的建立过程。

4）添加记录

在"数据库窗口"中右击欲添加记录的表，在弹出的快捷菜单中单击"打开"命令，打开如图9-6所示的表数据维护窗口。单击"添加"按钮之后录入一条记录的各项内容，然后再次单击"添加"按钮录入下一条记录，直至录入全部记录内容，最后单击"关闭"按钮。

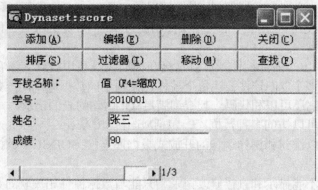

图9-6　表数据维护窗口

5）打开已有数据库

可以打开已有的数据库，对其进行编辑，具体步骤如下：

（1）通过"外接程序"菜单，打开"可视化数据库管理器"窗口。

（2）单击"文件"菜单，选择"打开数据库"选项，并在其数据库类型子菜单中选择数据库类型，如Access类型，之后进入"打开Microsoft Access数据库"对话框。

（3）在对话框中选择库文件类型、文件夹及库文件名，单击"打开"按钮，打开如图9-5所示的"数据库窗口"。

6）记录维护

数据库打开后，可以查询或修改数据库各表中存储的数据。打开表的方法是双击表项目或用鼠标右键单击，然后在其快捷菜单中单击"打开"命令。数据管理器将在如图9-6所示的"表数据维护"窗口中打开表。在此窗口中，单击"添加"按钮，可以添加一条记录；单击"编辑"按钮可以修改一条现有的记录；单击"删除"按钮将删除当前记录。此外，还可以对表中的内容进行排序、过滤和移动等处理。

9.3　数据控件

现代计算机应用系统中，大多数信息存放于一个或多个数据库中，用户通过访问这些数据库来获取所需数据。Visual Basic 6.0提供了多种数据访问控件，可以访问多数流行的数据库，如 Microsoft Access和 SQL 服务器等。创建一个前台数据库应用程序的基本步骤为：

（1）在窗体中添加Data控件或ADO Data控件。

（2）连接一个本地数据库或远程数据库。

（3）打开数据库中一个指定的表，或定义一个基于结构化查询语言的查询、存储过程，或该数据库中表的视图的记录集合。

（4）将数据库字段的数值传递给绑定的控件，从而可以在这些控件中显示或更改这些数值。

下面介绍Data控件和ADO Data控件的具体用法。

9.3.1　Data控件

1）功能

数据控件（Data）是VB访问数据库最常用的工具之一，提供了一种方便地访问数据库中数据的方法，使用数据控件无须编写代码就可以对VB所支持的各种类型的数据库执行大部分数据访问操作。

Data控件属于VB的内部控件，可以直接在标准工具箱中找到它。在同一工程甚至同一窗体中可以添加多个Data控件，让每个控件连接到不同数据库或同一数据库的不同表，以实现多表访问。它还可以和代码一起查询满足SQL语句的表的记录。

使用Data控件可以访问多种数据库，包括Microsoft Access、Microsoft FoxPro等。此外，Data控件还可以访问和操作远程的开放式数据库连接（ODBC）数据库，如Microsoft SQL Server及Oracle等。

数据控件本身不能显示和直接修改记录，只能与数据控件相关联的数据约束控件配合显示。可以作数据约束控件的标准控件有以下8种：文本框、标签、图片框、图像框、检查框、列表框、组合框、OLE控件。

> **注意：**
> 　　Data控件只能访问数据库，修改表中数据，不能建立新表和索引，也不能改变表结构，要完成此类操作可以使用前面介绍的"数据库管理器"或其他数据库管理系统软件来实现。

2）Data控件的主要属性

（1）Connect属性。

Connect属性用来指定该数据控件所要链接的数据库格式，默认值为Access，其他还包括dBASE、FoxPro、Excel等。

（2）DatabaseName属性。

用于指定或设置数据控件的数据源的名称及位置。

（3）RecordSource属性。

RecordSource属性用于指定数据控件所链接的记录来源，可以是数据表名，也可以是查询名。

（4）RecordSetType属性。

RecordSetType属性用于指定数据控件存放记录的类型，包含表类型记录集、动态集类型记录集和快照类型记录集，默认为动态集类型。

表类型记录集（Table）：包含实际表中所有记录，这种类型可对记录进行添加、删除、修改、查询等操作，直接更新数据。其VB常量为VbRSTypeTable，值为0。

动态集类型记录集（Dynaset）：可以包含来自于一个或多个表中记录的集合，即能从多个表中组合数据，也可只包含所选择的字段。这种类型可以加快运行的速度，但不能自动更新数据。其VB常量为VbRSType Dynaset，值为1。

快照类型记录集（Snapshot）：与动态集类型记录集相似，但这种类型的记录集只能读不能更改数据。其VB常量为VbRSType Snapshot，值为2。

（5）BOFAction和EOFAction属性。

在程序运行时，用户可以通过单击数据控件的指针按钮来前后移动记录。BOFAction属性是指示当用户移动到表开始时的动作，EOFAction指示在用户移动到结尾时的动作。

BOFAction属性值为0（MoveFirst）是将第一条记录作为当前记录；为1（BOF），则是将当前定位在第一条记录之前（即记录的开头），同时，记录集的BOF值为True，并触发数据控件的Validate事件。

EOFAction属性值为0（Move Last）是将最后一条记录作为当前记录；为1（EOF），是将当前定位在第一条记录之前（即记录的末尾），同时，记录集的EOF值为True，并触发数据控件的Validate事件；为2（AddNew）时，若RecordSetType设置为Table Dynaset，则移动到记录末尾并自动添加一条新记录，此时可对新记录进行编辑，当再次移动记录指针时，新记录被写入数据库，否则显示不支持"AddNew"操作的提示。

要使关联控件能被数据库约束，即让关联控件显示表内容，必须对控件的两个属性进行设置：

DataSource属性：通过指定一个有效的数据控件连接一个数据库。

DataField属性：设置数据库有效的字段。

【例9-1】利用Data控件及文本框显示Score表中的记录信息。

首先，在窗体上放置一名为Data1的Data控件，并设置DatabaseName为指定的Access数据库为"student.mdb"和RecordSource属性设置为"Score"，接着放置几个用于显示字段值的文本框，把它们的DataSource属性设置为"Data1"，DataField属性设置为有关的字段。程序运行结果如图9-7所示。

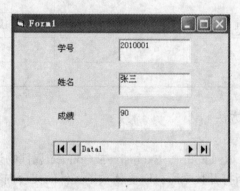

图9-7　Data控件的使用

此程序没有编写一行代码就实现了数据的显示，说明了VB数据控件在数据处理方面的便捷性。

3）Data控件的主要事件

（1）Reposition事件。

Reposition事件是当某一个新记录成为当前记录之后触发。通常利用该事件对当前记录的数据内容进行计算，触发该事件有以下几种原因：

① 单击数据控件的某个按钮，进行了记录的移动。

② 使用Move方法群组。

③ 使用Find方法群组。

④ 其他可改变当前记录的属性或方法。

（2）Validate事件。

Validate事件与Reposition事件不同，是当某一记录成为当前记录之前，或是在

Update、Delete、Unload或Close操作之前触发。事件的定义如下：

Private Sub Data1_Validate（Action As Integer ,Save As Integer）

其中：

Action：用来指示引发这种事件的操作，其设置值如表9–2所示。

Save：用来指定被连接的数据是否已修改。

表9–2　Validate事件的Action参数

常数	值	描述
vbDataActionCancel	0	当 Sub 退出时取消操作
vbDataActionMoveFirst	1	MoveFirst 方法
vbDataActionMovePrevious	2	MovePrevious 方法
vbDataActionMoveNext	3	MoveNext 方法
vbDataActionMoveLast	4	MoveLast 方法
vbDataActionAddNew	5	AddNew 方法
vbDataActionUpdate	6	Update 操作（不是 UpdateRecord）
vbDataActionDelete	7	Delete 方法
vbDataActionFind	8	Find 方法
vbDataActionBookmark	9	Bookmark 属性已被设置
vbDataActionClose	10	Close 的方法
vbDataActionUnload	11	窗体正在卸载

4）Data控件的主要方法

（1）Refresh方法。

如果DatabaseName、ReadOnly、Exclusive或Connect属性的设置值发生改变，可以使用Refresh方法打开或重新打开数据库，以更新数据控件的集合内容。

（2）UpdateRecord方法。

当约束控件的内容改变时，如果不移动记录指针，则数据库中的值不会改变，可通过调用UpdateRecord方法来确认对记录的修改，将约束控件中的数据强制写入数据库中。

（3）UpdateControls方法。

UpdateControls方法可以从数据控件的记录集中，再取回原先的记录内容，即恢复原先值。当在与数据控件绑定的控件中修改了记录内容，可以用UpdateControls方法使这些控件显示恢复原来的值。

（4）Close方法。

Close方法主要用于关闭数据库或记录集，并将该对象设置为空。一般来说，在关闭之前要使用Update方法更新数据库或记录集中的数据，以保证数据的正确性。

9.3.2　记录集对象

"记录集"（RecordSet）对象描述来自数据表或命令执行结果的记录集合，其组成为记录（行）。常用于指定可以检查的行、移动行、指定移动行的顺序、添加、更改或删除行，通过更改行而更新数据源等。

使用RecordSet对象的属性与方法的一般格式为：

数据控件名.RecordSet.属性/方法

1）记录集对象的属性

（1）CursorType属性。

用于设置记录集游标（指针）类型，取值参见表9-3，默认为0，即指针只能前移。如果要让指针自由移动，一般设为键盘指针1。语法如下：

记录集.CursorType=值

表9-3　记录集游标类型

常数	值	说明
adOpenForwardOnly	0	缺省值，启动一个只能向前移动的游标（Forward Only）
adOpenKeyset	1	启动一个Keyset类型的游标
adOpenDynamic	2	启动一个Dynamic类型的游标
adOpenStatic	3	启动一个Static类型的游标

（2）BOF属性。

用于判断当前记录指针是否在记录集的开头，如果是在开头，返回True，否则返回False。如果记录集为空，也返回True。

（3）EOF属性。

用于判断当前记录指针是否在记录集的结尾，如果是在结尾，返回True，否则返回False。如果记录集为空，也返回True。

（4）RecordCount属性。

用于返回记录集中的记录总数。

（5）AbsolutePosition属性。

返回当前指针所在的记录行，如果是第一条记录，其值为0，该属性为只读。

（6）BookMark属性。

BookMark属性的值采用字符串类型，用于设置当前指针的书签。

（7）NoMatch属性。

在记录集中进行查找时，如果找到相匹配的记录，则RecordSet的NoMatch属性为False，否则为True。该属性常与Bookmark属性一起使用。

2）记录集对象的方法

（1）AddNew方法。

AddNew用于添加一条新记录，新记录的每个字段若有默认值将以默认值表示，如果没有则为空。例如，给Data1的记录集添加新记录：

Data1.RecordSet.AddNew

（2）Delete方法。

Delete用于删除当前记录的内容。

> **注意：**
> 　在删除后，当前记录仍是被删除记录，因此通常在删除后将当前记录移到下一条记录。

（3）Find方法。

Find方法用于查找指定记录，它是多种查找方法的统称。包含FindFirst、FindLast、FindNext和FindPrevious方法，这4种方法的主要区别是查找的起点不同。

FindFirst：从第一条记录开始向后查找。

FindLast：从最后一条记录开始向前查找。

FindNext：从当前记录开始向后查找。

FindRrevious：从当前记录开始向前查找。

通常，当查找不到符合条件的记录时，需要显示信息提示用户，因此使用NoMatch属性，若Find或Seek方法找不到相符的记录，NoMatch属性为True。

（4）Seek方法。

Seek方法适用于数据表类型（Table）记录集，通过一个已被设置为索引（Index）的字段，查找符合条件的记录，并使该记录为当前记录。

使用Seek方法必须打开表的索引，它只能在Table表中查找与指定索引规则相符的第一条记录，并使之成为当前记录。其语法格式为：

　　数据表对象.Seek comparison,keyl,key2,…,key13

Seek允许接受多个参数，第一个是比较运算符comparison，该字符串确定比较的类型。Seek方法中可用的比较运算符有=、>=、>、<>、<、<=等。

在使用Seek方法定位记录时，必须通过Index属性设置索引。若在同一个记录集中多次使用同样的Seek方法（参数相同），那么找到的总是同一条记录。

（5）Move方法。

Move方法用于移动记录，包含MoveFirst、MoveLast、MoveNext和MovePrevious 方法，这4种方法分别移动记录到第一条、最后一条、下一条和前一条。

（6）Update方法。

用于保存对RecordSet对象的当前记录所作的修改。

3）记录集对象的应用

Data控件是浏览和编辑记录集的好工具。数据库记录的查找、增加、删除和修改操作需要使用Find、AddNew、Delete、Edit、Update和Refresh方法。它们的语法格式为：

　　数据控件.记录集.方法名

（1）增加记录。

AddNew方法在记录集中增加新记录。增加记录的步骤为：

① 调用AddNew方法。

② 给各字段赋值。给字段赋值格式为：RecordSet.Fields（"字段名"）=值。

③ 调用Update方法，确定所作的添加，将缓冲区内的数据写入数据库。

> **注意：**
> 　　如果使用AddNew方法添加了新的记录，但是没有使用Update方法而移动到其他记录，或者关闭了记录集，那么所作的输入将全部丢失，而且没有任何警告。当调用Update方法写入记录后，记录指针自动从新记录返回到添加新记录前的位置上，而不显示新记录。为此，可在调用Update方法后，使用MoveLast方法将记录指针再次移到新记录上。

　　（2）删除记录。

　　要从记录集中删除记录的操作分为3步：

　　① 定位被删除的记录，使之成为当前记录。

　　② 调用Delete方法。

　　③ 移动记录指针。

> **注意：**
> 　　在使用Delete方法时，当前记录立即被删除。删除一条记录后，被数据库所约束的绑定控件仍旧显示该记录的内容。因此，需移动记录指针刷新绑定控件，一般移至下一记录。在移动记录指针后，应该检查EOF属性。

　　（3）编辑记录。

　　数据控件能自动修改现有记录，当直接改变被数据库所约束的绑定控件的内容后，需单击数据控件对象的任一箭头按钮来改变当前记录，确定所作的修改。也可通过程序代码来修改记录，使用程序代码修改当前记录的步骤为：

　　① 调用Edit方法。

　　② 给各字段赋值。

　　③ 调用Update方法，确定所作的修改。

> **注意：**
> 　　如果要放弃对数据的所有修改，可使用UpdateControls方法放弃对数据的修改，也可用Refresh方法，重读数据库，刷新记录集。由于没有调用Update方法，数据的修改没有写入数据库，所以这样的记录会在刷新记录集时丢失。

9.3.3　ADO控件

　　在VB 中要开发数据库程序，可以使用数据库访问对象，ADO（ActiveX Data Objects）数据访问接口是Microsoft处理数据库信息的最新技术。它是一种ActiveX对象，采用了被称为OLE DB的数据访问模式。其主要优点是易于使用、高速度、低内存支出和占用磁盘空间较少。ADO 支持用于建立基于客户端/服务器和Web的应用程序的主要功能。ADO对象模型定义了一个可编程的分层对象集合，主要由3个对象成员Connection（连接）、Command（命令）和RecordSet（记录集）对象，以及几个集合对象Errors（错误）、Parameters（参数）和Fields（字段）等所组成。

　　1）ADO 对象

（1）Connection对象。

通过"连接Connection对象"可以使应用程序与要访问的数据源之间建立起通道，连接是交换数据所必需的环境。对象模型使用Connection对象使连接具体化，用于通过OLE DB建立对数据源的链接，一个Connection对象负责数据库管理系统的一条链接。

（2）Command对象。

Command对象通过已建立的连接发出访问数据源"命令"，以某种方式来操作数据源数据。一般情况下，"命令"可以在数据源中添加、删除或更新数据，或者在表中以行的格式检索数据。对象模型用Command对象来体现命令概念。使用Command对象可使ADO优化命令的执行。

（3）RecordSet对象。

如果命令是在表中按信息行返回数据的查询结果（按行返回查询），则这些行将会存储在本地RecordSet对象中。通过记录集RecordSet可实现对数据库的修改操作。RecordSet对象用于从数据源获取数据。在获取数据集之后，RecordSet对象能用于导航、编辑、增加及删除其记录。RecordSet对象的指针经常指向数据集当前的单条记录。

（4）Errors对象。

Errors对象集包含零个或多个Errors对象。Errors对象包含发生在现有Connection对象上的最新错误信息。ADO对象的任何操作都可能产生一个或多个错误，且错误随时可在应用程序中发生，通常是由于无法建立连接、执行命令或对某些状态（例如，试图使用没有初始化的记录集）的对象进行操作。对象模型以Errors对象体现错误。当错误发生时，一个或多个的Errors对象被放入Connection对象的Errors对象集。

（5）Parameters对象。

通常，命令需要的变量部分（即"参数"）可以在命令发布之前进行更改。例如，可重复发出相同的数据检索命令，但每一次均可更改指定的检索信息。参数对于函数活动相同的可执行命令非常有用，这样就可知道命令是做什么的，但不必知道它如何工作。

例如，可发出一项银行过户命令，从一方借出贷款给另一方。可将要过户的款额设计为参数，用Parameters对象来体现参数概念。Parameters对象集包含零个或多个Parameters对象。Parameters对象表示与参数化查询或存储过程的参数和返回值相关的参数。某些OLE DB提供者不支持参数化查询和存储过程，就不会产生Parameters对象。

（6）字段对象（Field）。

一个记录行包含一个或多个"字段"，每一字段（列）都分别有名称、数据类型和值，正是在这些字段值中包含了来自数据源的真实数据。对象模型以Field对象体现字段。

利用ADO可以方便地访问数据库，其一般步骤是：

建立连接：连接到数据源。

创建命令：指定访问数据源的命令，同时可带变量参数或优化执行。

执行命令（SQL 语句）。

操作数据：如果这个命令使数据按表中行的形式返回记录集合，则将这些行存储在易于检查、操作或更改的缓存中。

更新数据：适当情况下，可使用缓存行的内容来更新数据源的数据。

结束操作：断开连接。

以上ADO访问数据库技术虽然灵活、方便，但不能以可视化方式实现，为此VB提供了一个称为ADO的数据控件来实现以ADO方式访问数据库。

2）使用ADO数据控件

在使用ADO据控件前，必须先通过"工程/部件"菜单命令选择"Microsoft ADO Data control6.0(0LE DB)"选项，将ADO数据控件添加到工具箱中。ADO数据控件与Visual Basic的内部数据控件很相似，它允许使用ADO数据控件的基本属性快速地创建与数据库的连接。

（1）ADO数据控件的基本属性。

① ConnectionString属性。

ADO控件没有DatabaseName属性，它使用ConnectionString属性与数据库建立连接。该属性包含了用于与数据源建立连接的相关信息，ConnectionString属性带有4个参数，如表9-4所示。

表9-4 ConnectionString属性参数

参数	描述
Provide	指定连接提供者的名称
FileName	指定数据源所对应的文件名
RemoteProvide	在远程数据服务器打开一个客户端时所用的数据源名称
Remote Server	在远程数据服务器打开一个主机端时所用的数据源名称

② RecordSource属性。

RecordSource确定具体可访问的数据，这些数据构成记录集对象RecordSet。该属性值可以是数据库中的单个表名，一个存储查询，也可以是使用SQL查询语言的一个查询字符串。

③ ConnectionTimeout属性。

用于数据连接的超时设置，若在指定时间内连接不成功，则显示超时信息。

④ MaxRecords属性。

定义从一个查询中最多能返回的记录数。

（2）ADO数据控件的方法和事件。

ADO数据控件的主要方法和事件与Data控件的方法和事件一样。

（3）ADO数据控件连接数据库的一般过程。

① 先在窗体上放置一个ADO数据控件。

② 在ADO属性窗口中单击ConnectionString属性右边的"…"按钮，从对话框中选择连接数据源的方式。

使用连接字符串：单击"生成"按钮，通过选项设置系统自动产生连接字符串。

使用Data Link文件：通过一个连接文件来完成。

使用ODBC数据资源名称：在下拉列表中选择某个创建好的数据源名称作为数据来源（DSN）对远程数据库进行控制。

③ 在ADO属性窗口中单击RecordSource属性右边的"…"按钮，在"命令类型"中选择"2-adCmdTable"，在"表或存储过程名称"中选择所需要的表。

以上②、③可以合并成一步：在ADO控件上单击右键，从快捷菜单中选择ADODC属性，直接在属性页对话框中进行所有设置。

（4）新增ADO绑定控件。

随着ADO对象模型的引入，VB除了保留以往的一些绑定控件外，还提供了一些新的成员（如表9–5所示）来连接不同数据类型的数据。引用这些新成员，可在VB的"工程"菜单"部件"命令中添加。

表9–5　新增ADO绑定控件

控件名称	部件名称	常用属性
DataGrid	Microsoft DataGrid Control 6.0（OLE DB）	DataSource
DataCombo DataList	Microsoft DataList Controls 6.0（OLE DB）	DataField、DataSource、ListField、RowSource、BoundColumn
MSChart	Microsoft Chart Control 6.0（OLE DB）	DataSource

9.4　结构化查询语言（SQL）

结构化查询语言SQL（Structured Query Language）是用于对存放在计算机中数据库的数据进行组织、管理和检索的工具，是操作数据库的工业标准语言。按照ANSI（美国国家标准协会）的规定，SQL被作为关系型数据库管理系统的标准语言。SQL语句可以用来执行各种各样的操作，例如更新数据库中的数据，从数据库中提取数据等。目前，绝大多数流行的关系型数据库管理系统，如Oracle、Sybase、Microsoft SQL Server、Access等都采用了SQL语言标准。虽然很多数据库都对SQL语句进行了再开发和扩展，但是包括SELECT、INSERT、UPDATE、UPDATE、CREATE，以及DROP在内的标准的SQL命令仍然可以被用来完成几乎所有的数据库操作。

SQL规范中所包含的命令和子句数量虽然不多，但却可以完成各种复杂的数据库操作。表9–6和表9–7列出了常用的SQL命令和子句。另外，我们经常涉及对数据作统计运算。统计操作除了可以使用常运算符外，还可以使用统计函数，在SQL中统计函数称为聚合函数，聚合函数经常与 SELECT 语句的 GROUP BY 子句一同使用。常用的聚合函数列于表9–8中。

表9–6　常用的SQL命令

命令	描述
SELECT	从数据库中查找满足指定条件的记录
CREATE	创建数据库、表、视图等
INSERT	向数据库表中插入或添加新的记录
UPDATE	更新（修改）指定记录
DELETE	从数据库表中删除指定记录

表9–7　常用SQL子句

子句	描述
FROM	为从其中选择记录的表命名
WHERE	指定所选记录必须满足的条件
GROUP BY	把选定的记录分组
ORDER BY	对选定的记录排序

表9-8 常用SQL聚合函数

聚合函数	描述
AVG	返回组中值的平均值。空值将被忽略
SUM	返回表达式中所有值的和
COUNT	返回组中项目的数量
MAX	返回表达式的最大值
MIN	返回表达式的最小值

下面对以上常用SQL命令逐个加以介绍。

1）SELECT命令

在众多的SQL命令中，SELECT语句应该算是使用最频繁的。SELECT语句主要被用来对数据库进行查询并返回符合用户查询标准的结果数据。

格式：

SELECT [DISTINCT] 列1 [,列2,…] FROM表名 [WHERE 条件] [GROUP BY 表述式] [ORDER BY 表达式 [ASC | DESC]]

说明：

（1）DISTINCT：指定不返回重复记录。

（2）列1 [,列2,…]：决定哪些列将作为查询结果返回，若要返回表格中的所有列，使用通配符"*"来设定。

（3）FROM表名：决定查询操作的数据来源表格。

（4）WHERE 条件：规定哪些数据值或哪些行将被作为查询结果返回。"条件"的运算符包括各种常见运算符和LIKE运算符。LIKE运算符的功能非常强大，通过使用LIKE运算符可以设定只选择与用户规定格式相同的记录。此外，还可以使用通配符"%"来代替任意字符串。

（5）GROUP BY 表述式：按"表达式"对查询结果进行分组。

（6）ORDER BY 表达式：按"表达式"对查询结果排序。ASC表示升序（默认），DESC表示降序。

【例9-2】用SELECT命令完成以下各种操作。

（1）从学生成绩表中查询所有王姓同学的"姓名"和"成绩"：

SELECT 姓名, 成绩 FROM score WHERE 姓名 LIKE '王%'

注：字符串必须被包含在单引号内。

（2）查询学生成绩表中的所有信息：

SELECT * FROM score

查询数学和英语成绩均不及格的学生信息：

SELECT * FROM score WHERE 数学<60 AND 英语<60

查询学生成绩表中所有数学成绩及格的学生信息，并将查询结果按数学成绩降序排列：

SELECT * FROM score WHERE 数学>=60 ORDER BY 数学 DESC

查询数学成绩不及格的人数、数学平均分、最高分：

SELECT COUNT（*）AS 人数 FROM score WHERE 数学<60

SELECT AVG（数学）AS 平均分，MAX（数学）AS 最高分 FROM score

注：子句"AVG（数学）AS 平均分"的意思是把查询结果中数学平均分以"平均分"作为字段名返回。

查询男生与女生的数学平均分：

SELECT 性别，AVG（数学）AS 平均分FROM score GROUP BY 性别

2）CREATE TABLE命令

该语句被用来建立新的数据库表格。

格式：

CREATE TABLE 表名(列名1 数据类型，…)

说明：

（1）"列名"与"数据类型"之间用空格分隔。

（2）SQL语言中较为常用的数据类型为：

char(size)：固定长度字符串，其中括号中的size用来设定字符串的最大长度。char类型的最大长度为255字节。

varchar(size)：可变长度字符串，最大长度由size设定。

number(size)：数字类型，其中数字的最大位数由size设定。

Date：日期类型。

number(size,d)：数字类型，size决定该数字总的最大位数，而d则用于设定该数字在小数点后的位数。

【例9-3】创建一个名为student学生基本信息表。

CREATE TABLE student(学号 char(7),姓名 varchar(8),性别 char(2)，年龄 number(3), 籍贯 varchar(20))

3）INSERT命令

用于向数据库表中插入或添加新的数据行（记录）。

格式：

INSERT INTO 表名(列1，列2，…) VALUES(值1，值2，…)

说明：

向数据库表格中添加新记录时，在关键词INSERT INTO后面输入所要添加的表格名称，然后在括号中列出将要添加新值的列名。最后，在关键词VALUES的后面按照前面输入的列的顺序，对应地输入所有要添加的记录值。

【例9-4】为student表插入一条新记录。

INSERT INTO student(学号,姓名,性别,年龄,籍贯) VALUES（'0801001'，'张三'，'男'，21，'辽宁大连'）

4）UPDATE命令

UPDATE用于更新或修改满足规定条件的现有记录。

格式：

UPDATE 表名 SET 列1 = 值1 [, 列2 = 值2,…] WHERE 条件

【例9-5】为student表中的"张三"同学加1岁。

UPDATE student SET 年龄 =年龄+1 WHERE 姓名= '张三'

5）DELETE命令

删除数据库表中的行（记录）。

格式：

DELETE FROM 表名 WHERE 条件

说明：

如果用户在使用DELETE时不设定WHERE子句，则表格中的所有记录将全部被删除。

【例9-6】删除student表中"张三"同学的记录。

DELETE FROM student WHERE 姓名='张三'

9.5 数据报表设计

在VB平台下制作报表可以使用VB自带的Data Report控件，使用VB自带的报表设计器必须有数据环境（Data Environment）的支持才能使用，因为报表设计中的数据来源于数据环境。

9.5.1 数据环境设计器

数据环境（Data Environment）是VB6.0提出的一个新概念，它可以将许多单独使用的对象和控件组合成一个单独的环境，建成后的这个数据环境可用来访问任何数据库、查询或加入其中的存储过程。在VB中使用数据环境后，如果程序中有多处引用了某个数据库的地方需要更改数据引用，只需对数据环境作一处改动，应用程序中的其他有关地方就会作出相应变动，为开发应用程序带来极大的方便。从某种角度看，Data Environment的作用相当于一个通用的Data控件，它可以在任何情况下使用，可以连接到所有的数据库、表以及只含一个查询或表的对象上，而不仅仅局限于连接到某个查询或表上。

在VB中创建的数据环境对象会作为VB工程的一部分被保存到文件中，该文件的扩展名为.DSR。下面将介绍如何在VB工程中创建一个数据环境对象，以及如何在应用程序中使用数据环境中的对象。

假设我们要创建一个数据环境对象用来访问Microsoft Access中的VB成绩数据库score.mdb。

在可以访问数据环境设计器之前，必须在Visual Basic中引用它。引用数据环境设计器的方法是：在"工程"菜单中，单击"引用…"，并从"引用…"对话框中，选择"Microsoft Data Environment 1.0"，然后单击"确定"。

完成数据环境的引用后，就可通过"工程"菜单的"添加Data Environment"命令来添加一个数据环境设计器对象到一个VB工程。

一旦在VB工程中添加了一个数据环境（默认名为"DataEnvironment1"），数据环境设计器就自动地包括一个新的连接Connection1。在设计时，数据环境打开连接并从该连接中获得数据，包括数据库对象名、表结构和过程参数。

指定数据环境中新建DataEnvironment1及Connection1对象的属性。

（1）与在窗体中添加的普通控件一样，可以在VB"属性"窗中更改数据环境及连接的名称。例如，数据环境和连接分别命名为"de"和"con"。

（2）右击Connection1对象并选择"属性"，打开"数据链接属性"对话框。

（3）在"数据链接属性"对话框的"提供程序"选项卡中选择"Microsoft Jet 4.0 OLE DB Provider"。如果程序不是使用Access数据库，则要选择与数据库对应的"提供程序"。

（4）在"连接"选项卡中指定数据库名称为"student.mdb"，如果数据库设定了用户名和密码，需要一并输入，并单击"测试"以测试连接是否成功。

（5）单击"确定"完成连接对象属性的设置。

完成连接属性的设置后，就可以在这个连接对象中创建命令（Command）对象了。Command对象定义了从一个数据库连接中获取何种数据的详细信息。Command对象既可以基于一个数据库对象（例如：一个表、视图、存储过程），也可以基于一个结构化查询语言（SQL）查询。

创建Command对象，可以采用以下步骤：

（1）在数据环境设计器工具栏中单击"添加命令"按钮，或右击Connection对象（或数据环境对象），并从快捷菜单中选择"添加命令"，系统会自动添加一个"Command1"命令对象到Connection对象。

（2）指定命令对象的属性。右击命令对象并选择"属性"来访问"Command属性"对话框。在对话框中，"通用"、"关联"、"分组"和"合计"选项卡，分别定义该数据库来源、连接属性及关系等，并组织RecordSet中包含的数据，而"高级"选项卡则可以改变在运行时获取或操作数据的方式。这里在"通用"选项卡的"SQL语句"中输入"SELECT * FROM score"。

与Connection对象一样，可以有一种更为快捷的方法创建Command对象，就是从一个"数据视图"中拖动一个表、视图或存储过程到数据环境设计器，自动地创建Command对象。如果与被拖放的Command对象相关联的Connection在数据环境中不存在，则自动创建一个Connection对象。

此例中创建的数据环境如图9-8所示。数据环境创建完成后，就可以很容易地把它的相关内容绑定到窗体或数据报表对象中。

从上面的例子及说明可以看出，VB中的数据环境就像一个大的数据控件，它可以在不同的窗体中引用和操作。这对于我们开发应用程序来说，无疑是提供了一个很好的数据工具。

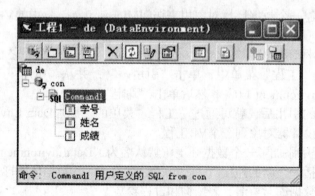

图9-8　数据环境

9.5.2　报表设计器

报表设计器（Data Report Designer）是VB6.0众多新增功能中很有用的一个功能。用过Access报表设计工具的人再使用VB6.0中的Data Report Designer，就会感觉它功能更加强大，而且使用方便。它支持页面、报表头、记录行以及其他一些常用的功能，如支持不同的图形和字体等。虽然这种报表设计器不能完全取代第三方报表设计工具，但对于一些常用的报表来说，有了它就可以很方便地在VB中设计了。另外，我们可以方便地在程序中使用代码来调用创建好的报表对象。

1）报表设计器主要功能特点

（1）对字段的拖放功能：把字段从Microsoft数据环境设计器拖到数据报表设计器。当进行这一操作时，Visual Basic自动地在数据报表上创建一个文本框控件，并设置被放下字段的DataMember和DataField属性。也可以把一个Command对象从数据环境设计器拖到数据报表设计器。在这种情况下，对于每一个Command对象包含的字段，将在数据报表上创建一个文本框控件，且每一文本框的DataMember和DataField属性将被设置为合适的值。

（2）Toolbox控件：数据报表设计器以它自己的一套控件为特色。当数据报表设计器被添加到工程时，控件被自动在"工具箱"上创建一个名为"数据报表"的新选项卡，包含几个报表用控件。

（3）报表打印及预览：通过使用Show方法预览报表，然后生成数据报表并显示在它自己的窗口内；通过调用PrintReport方法，以编程方式打印一个报表。当数据报表处于预览方式，用户也可以通过单击工具栏上的打印机图标打印报表。

（4）文件导出：使用ExportReport方法导出数据报表信息。导出格式包括HTML和文本。可以创建一个文件模板集合，同ExportReport方法一起使用。这对于以多种格式（每种都作报表类型剪裁）导出报表是很有用的。

（5）异步操作：DataReport对象的PrintReport和ExportReport方法是异步操作。使用ProcessingTimeort事件可以监视这些操作的状态，并取消任何花费时间过长的操作。

2）报表组成

报表通常由以下5部分组成，但在实际使用中可以根据需要选择所需部分。

· 报表标头：每份报表只有一个，可以用标签建立报表名。

· 页标头：每页有一个，即每页的表头，如字段名。

· 细节：需要输出的具体数据，一行一条记录。

· 页脚注：每页有一个，如页码。

· 报表脚注：每份报表只有一个，可以用标签建立对本报表的注释、说明。

如表9-9所示。

图9-9 报表组成

3）报表控件

报表的多数控件在功能上与Visual Basic内部控件相同，包括RptLabel、RptShape、RptImage、RptTextBox、RptLine及RptFunction控件（如图9-10所示）。Function控件能自动地生成如下四种信息中的一种：Sum、Average、Minimum或Maximum。

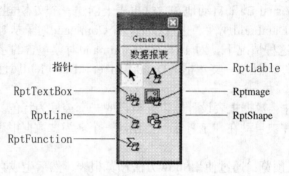

图9-10　报表控件

（1）RptLable（报表标签）控件。

RptLable控件与Lable标签控件类似，用于在报表上显示报表标头、页标头、页注脚、报表注脚、分组标头的内容。

（2）RptTextBox（报表文件框）控件。

RptTextBox控件与TextBox控件类似，用于显示数据报表各字段明细内容。

RptTextBox控件的主要属性有：

① DataMember属性。该属性是通过设置数据环境中的命令对象选择要打印的数据表。

② DataField属性。该属性用于选择数据表中要打印的字段。

（3）RptImage（报表图像）控件。

该控件用于在报表上显示图像，但不能直接与数据表字段绑定。

（4）RptLine（报表直线）控件。

该控件用于在报表上画线。

（5）RptShape（报表形状）控件。

该控件用于在报表上画矩形、三角形或圆等。

（6）RptFunction（报表函数）控件。

该控件用于在报表上显示字段统计值。

9.5.3　报表设计

数据报表设计的一般步骤如下：

（1）在工程中添加数据环境设计器，设置其连接对象（Connection）的属性，使之与数据库连接。再添加一个命令对象（Command），设置其属性，使命令对象与数据表连接。也可通过记录集对象（rsCommand）的Open方法打开数据集。

（2）在工程中添加数据报表对象（DataReport），设置其DataSource属性，通过环境设计器与数据库连接，再设置DataMember属性，通过命令对象与数据表连接。

（3）在数据报表对象（DataReport）的报表标头（Section4）中，添加RptLable标签控件，通过设置Caption属性显示报表标题内容。

（4）在数据报表对象（DataReport）的页标头（Section2）中，添加RptLable标签控件，通过修改Caption属性显示报表页标题与字段名称。

（5）在数据报表对象（DataReport）的细节栏（Section1）中，添加RptTextBox控件，通过设置DataMember属性与命令对象（即数据表）连接，设置DataField属性与字段连接，显示数据表记录内容。

（6）在数据报表对象（DataReport）的页标头（Section2）与页脚注（Section3）等区域对象中，添加日期、时间、页号等项目。在页标头（Section2）与页脚注（Section3）区域中，单击鼠标右键，在弹出式菜单中选择插入控件命令，然后再选择当前日期、当前时间、当前页号、总页数等命令，如图9-11所示，则可在上述区域内添加日期、时间、页号等项目。

图9-11 插入日期、时间、页号等项目

（7）在数据报表对象（DataReport）的报表注脚（Section5）等区域对象中，添加RptFuction函数控件。RptFuction函数控件主要用于统计某数值型字段的和、平均值、最大值或最小值等。其主要属性如下：

· DataMember属性：用于选择命令对象与数据表连接。

· DataField属性：用于选择统计字段。

· FuntionType属性：用于选择统计函数的类型，主要有如下类型：

① 0-rptFuncSum：求和函数类型

② 1-rptFuncAve：求平均值函数类型

③ 2-rptFuncMin：求最小值函数类型

④ 3-rptFuncMax：求最大值函数类型

（8）网格处理。

① 显示网格：

在数据报表中单击鼠标右键，在弹出式菜单中单击"显示网格"菜单项，取消"显示网格"菜单项前的"√"，则数据报表不显示网格。再次单击"显示网格"菜单项，恢复"显示网格"菜单项前的"√"，则数据报表显示网格。

② 抓取到网格：

在数据报表中单击鼠标右键，在弹出式菜单中单击"抓取到网格"菜单项，取消"抓取到网格"菜单项前的"√"，则控件可在数据报表内自由移动。再次单击"抓取到网格"菜单项，恢复"抓取到网格"菜单项前的"√"，则控件被抓取到网格边线。

若要使控件能在数据报表窗体中自由移动，则应取消"抓取到网格"菜单功能，为了能看清所布线条，应取消"显示网格"菜单功能。

（9）画表格线。

在数据报表内添加RptLine控件，可画数据报表的表格线（竖线或横线），用鼠标可改变线条的长度与方向。

（10）控件的对齐与间距。

① 控件对齐：

先选择控件，然后单击鼠标右键，在弹出式菜单中选择对齐，可按水平方向进行控件的左、右、居中对齐；可按垂直方向进行控件的顶、底、中间对齐，还可以对齐到网格。

② 水平与垂直间距：

在以上弹出式菜单中还可选择相同间距、递增、递减、删除。

（11）在打印程序窗体内，调用Show方法预览数据报表，调用PrintReport方法打印报表。

9.5.4 实例应用

【例9-7】报表预览及打印。

报表预览及打印通常采用报表的Show方法来实现。此例在报表打印预览对话框中调用报表实现预览与打印。程序运行结果如图9-12所示。

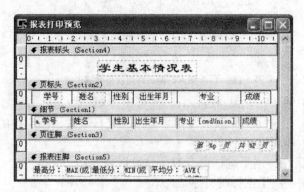

图9-12 报表打印预览

窗体设计过程较为简单，限于篇幅，此处不再详述。下面主要介绍报表的设计过程：

（1）在VB工程中添加一个Data Report对象，并设置其Caption为"报表打印预览"、DataSource=DE、DataMember=cmdUnion。

（2）在"报表标头"区放置一标签，并设置其Caption为"学生基本情况表"。

（3）从数据环境中拖动"cmdUnion"到报表中，与上例相同，VB会自动添加所有字段的标签和文本框到报表中。删除"照片"字段及"b.学号"字段，并把其余字段的标签移至"页标头"区，文本框移至细节区。

（4）在"页注脚"区右击，并选择"插入控件" | "插入当前页码"及"插入总页码"，然后放置"第"、"页 共"及"页"3个标签。

（5）在"报表注脚"放置三个函数报表控件，设置它们的DataMember及DataField为"cmdUnion"和"成绩"，并分别设置它们的FunctionType属性为"rptFuncMax"、"rptFuncMin"、"rptFuncAve"，然后放置"最高分："、"最低分："和"平均分："3个标签。

（6）用形状和直线控件画出表边框。

（7）布局完成效果如图9–13所示。

图9–13 报表设计效果

在设计报表的时候用矩形和直线绘制表格边框，会比单纯用直线来得方便。同时，在绘制报表过程中要充分利用右键的快捷菜单，里面有很多实用的操作。本例程序很简单，如下所示：

```
Private Sub cmdPrint_Click()
    DR.Show 1
End Sub
```

报表预览结果如图9–14所示（页注脚部分在页的底部，图中未显示），同时，在预览窗口中单击"打印"按钮即可打印出报表。

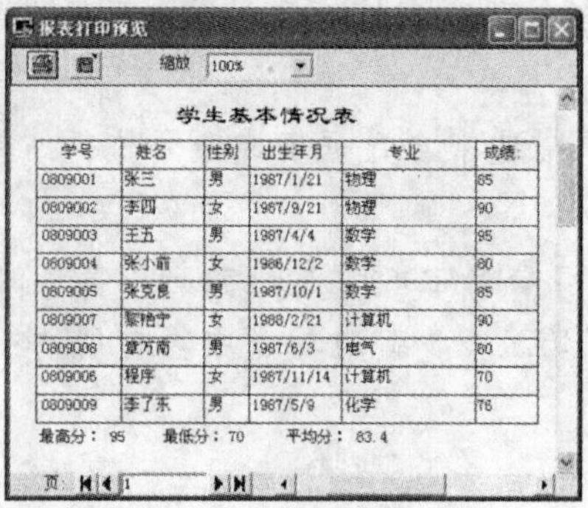

图9–14 报表预览

以上实例通过数据环境来实现VB与Access数据库的连接，这种方法在完成多表联合操作及处理报表时比使用数据控件或ADO控件更为方便。这些例子中也可以用数据控件或ADO控件来实现数据库的连接，具体方法请阅读本章前面有关内容。

Visual Basic 6.0与以前版本的最大不同之处就是在数据库功能上有一个更大的提高。这也是微软公司加强其在企业开发工具地位上的重要内容。应该说，在开发大中型企业应用软件上，Visual Basic 6.0的确是最强的软件之一。相信大家在使用过程中会有更深的体会。

9.6　本章小结

（1）数据管理技术经历以下3个阶段：人工管理阶段；文件系统阶段；数据库系统阶段。

（2）数据库是以一定方式组织、存储及处理相互关联的数据的集合，它以一定的数据结构和一定的文件组织方式存储数据，并允许用户访问。

（3）根据数据模型不同，数据库可以分为层次数据库、网状数据库和关系数据库。

（4）一个关系模型的逻辑结构是一张二维表，它由行和列组成。表中每一行数据称作一条"记录"；表中纵向栏称作列，又称作"字段"。

（5）索引是加快数据库访问的一种手段，目的是实现对数据行的快速、直接存取而不必扫描整个表。

（6）VB提供的可视化数据管理器是一个非常实用的工具，使用它可以方便地建立数据库、数据表和数据查询。

（7）结构化查询语言SQL是用于对存放在计算机中数据库的数据进行组织、管理和检索的工具，是操作数据库的工业标准语言。

（8）数据控件（Data）是VB访问数据库最常用的工具之一，提供了一种方便地访问数据库中数据的方法，使用数据控件无须编写代码就可以对VB所支持的各种类型的数据库执行大部分数据访问操作。

（9）数据控件本身不能显示和直接修改记录，只能在与数据控件相关联的数据约束控件配合中显示。

（10）"记录集"对象描述来自数据表或命令执行结果的记录集合，其组成为记录。

（11）ADO数据访问接口是Microsoft处理数据库信息的最新技术。

（12）报表设计器是VB6.0众多新增功能中很有用的一个功能，它的功能更加强大，而且使用方便。

9.7　习题9

一、选择题

（1）在DATA控件中，（　　　）属性是用来连接到一个具体的数据库的。

A. Databasename　B. nomatch　　　C. bof　　　　　D. move

（2）要利用数据控件返回数据库中记录集，则需设置（　　）属性。

A. Connect　　　B. DatabaseName　C. recordsource　D. RecordType

二、填空题

（1）数据控件对象移至第一条记录的方法是_____，移至下一条记录的方法是_____。

（2）Data控件中_____属性用来指定该数据控件所要链接的数据库格式。

（3）Data控件中_____属性用于指定数据控件所链接的记录来源，可以是数据表名，也可以是查询名。

（4）结果集对象_____方法用于添加一条新记录。

（5）SQL语句中_____语句主要被用来对数据库进行查询并返回符合用户查询标准的结果数据。

（6）SQL语句中_____语句用于向数据库表中插入或添加新的数据行（记录）。

三、编程题

请编写一个对学生表进行查询的程序，要求能够根据姓名模糊查询和根据出生日期进行范围查询，已知学生信息存放在应用程序当前目录下的数据库stu.mdb中的s1表中。可以在输入姓名文本框中输入需要查询的信息，单击"查询"按钮进行查询，将查询结果显示在窗体下方的DataGrid控件中，在输入出生日期的两个文本框中输入需要查询出生日期的范围，单击"查询"按钮进行查询，将查询结果显示在窗体下方的DataGrid控件中。

参考文献

[1] 童爱红. VB.NET应用教程[M]. 北京：清华大学出版社，北京交通大学出版社，2005

[2] 沈祥玖. VB程序设计[M]. 北京：高等教育出版社，2003

[3] 张强. Visual Basic 6.0学习教程[M]. 北京：北京大学出版社，2004

[4] 罗朝盛. Visual Basic 6.0程序设计教程[M]. 3版. 北京：人民邮电出版社，2009

[5] 林卓然. VB语言程序设计[M]. 2版. 北京：电子工业出版社，2009

[6] 杨晶. VB6.0程序设计[M]. 北京：机械工业出版社，2004

[7] 杨忠宝. VB语言程序设计教程[M]. 北京：人民邮电出版社，2005

[8] 沈洪. VB程序设计[M]. 北京：清华大学出版社，2010

[9] 孟德欣. VB程序设计[M]. 北京：清华大学出版社，2009

[10] 杨克玉. VB6.0程序设计实训教程[M]. 北京：机械工业出版社，2005